* 本书为二〇一六年度洛阳师范学院国家级项目培育基金资助课题
"基于语料库的英汉学术语体对比分析"之阶段性研究成果

基于语料库的
汉语科技语体分析

梅中伟 著

新 华 出 版 社

图书在版编目（CIP）数据

基于语料库的汉语科技语体分析 / 梅中伟著

北京：新华出版社，2020.9

ISBN 978-7-5166-5378-4

Ⅰ.①基… Ⅱ.①梅… Ⅲ.①科学技术－汉语－语体－
研究 Ⅳ.① G301 ② H15

中国版本图书馆 CIP 数据核字 (2020) 第 182070 号

基于语料库的汉语科技语体分析

责任编辑：唐波勇	**封面设计：**优盛文化

出版发行：新华出版社

地　　址：北京石景山区京原路 8 号	邮　　编：100040

网　　址：http://www.xinhuapub.com

经　　销：新华书店、新华出版社天猫旗舰店、京东旗舰店及各大网店

购书热线：010-63077122	中国新闻书店购书热线：010-63072012

照　　排：优盛文化

印　　刷：定州启航印刷有限公司

成品尺寸：170mm×240mm

印　　张：13.5	字　　数：240 千字
版　　次：2020 年 9 月第一版	印　　次：2020 年 9 月第一次印刷

书　　号：ISBN 978-7-5166-5378-4

定　　价：54.00 元

摘要

本书是一项基于语料库的汉语科技语体特征分析，也是一项面向语体认知与翻译领域自适应的研究。为了研究科技汉语的书面语体特征，笔者组建了一个规模为近 1.2 亿个汉字的汉语书面语语料库（含标点符号在内总字符数 1.5 亿多），并对语料进行了标注。该语料包括科技论文篇名语料库、科技论文摘要语料库、科技汉语分类语料库、参照语料库四个分库。篇名语料、摘要语料分别来自随机抽取的 CNKI 数据库中 CSSCI、EI 和 SCI 期刊论文的汉语篇名、汉语摘要；科技汉语分类语料是在自己整理的汉语科技论文语料的基础上，加入复旦大学分类语料库共同组建而成；参照语料库主要是政论语体和文学语体，分别来自人民日报和部分文学作品。

在认知语言学范畴论和边界理论的指引下，本书基于语料库对科技汉语的语体进行了分析。为了尽量详细地描写科技汉语的语体特征，全文分三个主要部分进行描写，即篇名、摘要和正文的语体特征。在对上述三个部分的语言分析中，笔者分别从语体的四种体素进行分析，即语音、语词、语句和语篇。在分析过程中，笔者采用定量分析和定性分析相结合的方法，并结合认知语言学的范畴论和功能语言的相关理论，在语料检索数据的基础上对比分析了科技语体内篇名、摘要及正文的语体差异，社会科学与自然科学的语体差异，以及科技语体与政论语体、文学语体的差异。本研究是对以往科技语体研究的验证和深化，同时对先贤没有研究过的层面进行了拓展。

研究表明，科技汉语本身是个较大的范畴，包含众多子范畴。科技语体的篇名、摘要、正文等的语体特征共同构成科技语体的语体特征。科技语体体现出庄重、谨严、简洁、朴素等的语体特征。作为科技语体的两个子范畴，社会科学语体和自然科学语体之间也存在着诸多差异。从数据和分析的结果来看，自然科学语体是科技语体的典型范畴，社会科学语体是科技语体的非典型范畴；两者在篇名、摘要、正文等部分都体现出差异，但是两者的边界又是模糊的；两者在语音、语词、语句和语篇四方面又表现出范畴成员的相似性；但同时，这些相似的语体特征和政论语体、文学语体等的差异相对更加显著，表现出了不同的语体的特征。

论文分为五章，第一章是选题背景及文献综述；第二章基于篇名语料库，对比分析了科技汉语篇名的语体特征；第三章基于摘要语料库，对比分析了科技汉语摘要的语体特征；第四章基于正文语料库，对比分析了科技汉语正文的总体语体特征；第五章总结各章研究成果，并分析了本课题的一些研究得失，还对未来的研究进行了展望。

目录

第1章 绪论

1.1 引言

汉语语体研究得到广泛关注，但是基于大规模语料库的语体研究并不多见。多数现有的语料库没有进行详细的语体分类，往往只能在线查询，这给语体研究带来诸多不便。目前，已有的关于汉语语体的研究多是内省的方法，而国外早有计算风格学出现。早在 1985 年甚至更早，国内学者就曾提出要用数学思想来研究语体，如钱峰、陈光磊等（1987）就曾提出关于建立语体分类数学模型的构想；丁金国（2005）提出过要用定量的方法来分析语体特征的设想；王德春、陈瑞端（2000）曾尝试用基于语料库的方法进行语体研究，但是并不系统。受条件所限，国内尚未见有基于语料库的汉语语体研究的专著。

关于汉语语体的研究理论与方法都在不断得到推进。不同视角下的汉语语体研究成果不少，但汉语科技语体的研究尚未得到充分重视。对科技语体的研究成果少量见于期刊论文，部分散见于语体学专著的章节，但多数是内省式研究。因此，笔者不揣冒昧，尝试基于语料库来研究汉语科技语体的特征。

语体的定义在国内尚且存在争议。语体、文体、语风、风格等概念相互交织，不能完全分开，各家学者也都各执一词。国外系统功能语言学派又提出了语域、语类等概念。这些概念既相互区别，又彼此联系。本书虽专注于汉语科技语体，但并非和其他理论完全割裂，也不排斥其他理论。因此，在梳理和区分各种理论和概念的基础上，文章主要从计量的角度对汉语科技语体进行分析。

就科技语言的研究而言，国外学者起步较早。早在 1963 年，韩礼德在英国伦敦大学主持过两个研究项目，其中之一便是科技英语的语言学研究。但是，国内对科技汉语尚无系统的研究，为数不多的各种探索式分析散见于不同的论著与期刊。因此，本书的研究是在借鉴国内外先贤研究成果的基础上，对科技汉语的语体特征开展的较为深入的研究。

语料库语言学的兴起为语体研究提供了一条经验主义的方法。然而，汉语科技语体的研究尚无现成的语料库可供使用。现有的一些开放语料库要么没有语体分类，要么没有分词标注。为此，笔者搜集整理了科技汉语篇名语料、科技汉语摘要语料、科技汉语正文语料，组建了一个科技汉语语料库。同时，语体研究离不开对比，故笔者还建立了一定规模的政论语体语料库和文学语体语料库，用于对比。基于上述语料库，笔者开展了对科技汉语的语体特征对比分析。

本研究的理论背景是认知语言学的范畴论、认知结构与边界理论、功能语言学的相关理论等。当代认知科学的众多发展成果是和人工智能密切联系的，认知语言学也不例外。因此，本书的研究目的之一就是为文本自动分类、机器翻译的领域自适应等技术提供参考。现代计算语言学的发展逐渐倾向于统计的路线，对规则的发现也已经发展到机器学习的人工智能方法路线上来。因此，本书在研究方法上采用基于语料库的计量语言学研究方法，试图找到科技汉语在数量上的特征，为机器认知科技汉语语体找到依据。

对汉语科技语体进行基于语料库的计量研究，有助于发现汉语科技语体体素上的规律，深化对科技汉语的认知。同时，对汉语科技语体的结构和边界的研究可以为自然语言处理中的文本分类和机器翻译的领域自适应找到理论依据。此外，对科技汉语语体认知的研究有助于人们深入理解科技汉语的语言特点，为科技汉语教学、科技论文写作以及科技汉语的翻译提供实践上的参考。

1.2　研究对象

本书的研究对象是科技汉语书面文本的语体特征，简而言之就是科技汉语的书面语体。具体而言主要是最典型的科技汉语文本在语言上体现出的总体的区别性特征。

1.2.1　定义

语体是一种语言在历史演化中形成的变体，它因表达的内容和使用的语境之变化而变化，其核心内容是具有区别性的总体语言特征。国内对语体的定义众说纷纭，上述定义也是笔者在总结以往语体定义的基础上提出的。本书提出的上述定义是针对本文的研究而言的，并不排斥其他学者的观点。

科技语体是以科学研究为内容，以阐释、描述、记录科学研究为目的的各种文本的语体特征。根据以往的分类，科技语体还可分为社会科学语体和自然科学语体。

研究语体离不开文本，文本通常也被称为篇章或语篇，即书面语言。文本可长可短，长可至一套百科全书，短可以只有一个词，如医院大厅或走廊等公共场所张贴的"静"字或春节时家家门上挂的"福"字。在符号学理论中，文本作为文化信息的符号集合，概念更为宽泛，甚至连行为也可以视为文本。但无论从哪个视角看待文本，文本都必须是意义完整、在语境中具备功能且能够独立使用的单位。文本作为符号，是符号网络上的一个点，与网络上的其他符号都有关系。在本书中所指的文本主要是指科技汉语中的书面文字材料，既不包括口语，也没有符号学上的定义那么宽泛。

1.2.2　范围

本书的研究范围是现代汉语科技文本的语体特征。具体而言有以下三个方面：

首先，本书研究的是现代汉语科技文本，不包括古代汉语。汉语科技文本不仅包括现当代科技汉语文本，还包括古代和近代的科技汉语文本。中国古代人民在历史上曾经创造了灿烂的文明，留下了大量古代汉语的科技著作。战国时期的《甘石星经》被认为是世界上最早的天文学著作；《墨经》中有大量的物理学知识；《考工记》记述了齐国官营手工业各个工种的设计规范和制造工艺，不但在中国工程技术发展史上有重要地位，在当时世界上也是独一无二的。《周髀算经》《九章算术》《孙子算经》《五曹算经》《夏侯阳算经》《张丘建算经》《海岛算经》《五经算术》《缀术》《缉古算经》这十部算书被称为"算经十书"，代表了中国古代的数学成就；战国问世、西汉编定的《黄帝内经》是中国现存较早的重要医学文献；东汉的《神农本草经》是中国第一部完整的药物学著作；北朝时期，贾思勰的《齐民要术》是中国现存的第一部完整的农书；唐朝孙思邈的《千金方》全面总结了历代和当时的医药学成果，在中国医药学历史上占有重要地位；唐高宗时期编修的《唐本草》是世界上最早的、由国家颁行的药典；北魏时期郦道元的《水经注》通过为古书《水经》作注，全面而系统地介绍了水道流经地区的自然地理和经济地理等诸方面的内容；北宋科学家沈括的《梦溪笔谈》在中国和世界科技史上有重要地位，英国学者李约瑟称其为"中国科学史的里程碑"；北宋末年李诫编写的《营造法式》是中国建筑史上的杰出著作；明朝李时珍的《本草纲目》全面总结了 16 世纪以前的中国医药学，被誉为"东方医药巨典"；明朝徐霞客的《徐霞客游记》对石灰岩溶蚀地貌的观察和记述，早于欧洲约两个世纪；明朝徐光启的《农政全书》综合介绍了中国传统农学成就，建立了一个比较完整的农学体系；明代宋应星所著的《天工开物》总结了明代农业、手工业的生产技术，国外称其为"中国 17 世纪的工艺百科全书"。此外，还有许多科技著作对科技的传播传承起到了重要的作用。从历时的角度研究这些古代科技著作的语言，对普通语言学、历史语言学，尤其是对现在兴起的"演化语言学"等都有重要意义。韩礼德（1988）就曾经对古代的科技英语进行了历史语言学视角下的研究，探讨了科技英语是如何演化而来的，并对其中的语言现象进行了解释。但是，在本书中，不能面面俱到。本书旨在研究传播现代科技的重要工具——科技领域的现代汉语，对古代汉语中的科技文本不作考虑，因此仅研究现代汉语中的科技文本。从这种意义来说，本书总体上来讲是一个共时研究。但是，部分语言现象在相对较短的时期内也会发生变化，如几十年来的发展变化，所以本书中也有短期的历时研究。

其次，本书研究的具体对象是科技汉语书面语体文本，不包括口语。本书中所说的"文本"指的是在语言学上的文本，即书面语；和其对立的是口语。在语言学的话语分析（discourse analysis）领域中，文本（text）有时候和话语（discourse）是同义词，基本上可以互换。因为大多数学者都认为文本在话语分析中更倾向于指书面的话语，而话语通常还包括口语中的话语。也就是说，话语分析（discourse analysis）包括书面话语分析（text analysis）和口语话语分析（speech analysis）。但是，大多数的话语分析论著，由于口语材料的获取与定量分析具有一定难度，所以大多数实际上指的是书面话语分析。本书也主要分析书面科技文本（text of science and technology），即科技汉语的书面话语分析。这并不是说科技汉语的口语不重要，相反当代不少语言学家认为其实口语才是最纯正的语言，在社会生活中起着最重要的作用。但是，由于客观条件限制，对科技语域的口语分析缺乏系统的语言数据，故在这里暂不考虑，留待条件成熟再做研究。即便只是现当代汉语的书面科技文本，仍然范围很广，它包括各种与科技有关的文本，如实验报告、科普文章、科技说明书、学术论文等。纷繁复杂的语料范围给收集和研究带来严峻的挑战。鉴于该研究的目的是探索典型的科技汉语语体特征，因此在研究中选择最典型的科技汉语中的学术论文的文本，即汉语的学术论文。为了尽量体现科技汉语的特征，文中所用语料库也部分地抽取了网络等媒体上出现的传播科技信息的文本。具体而言，科技汉语的篇名和摘要部分的语言研究主要依据学术论文的篇名和摘要语料库进行；科技汉语文本的分析则选取了相关的学术论文及其以外的部分科普文章等进行分析。

再次，本书研究的视角是语言学视角，故不重点研究修辞学视角下的语体特征。语体研究可以从语言学、修辞学等进行研究。修辞学关注的是语体的修辞风格及不同语体中的辞格、辞规、辞风和辞趣。然而，对修辞风格的计算和统计尚没有成熟的方法与技术，故不作为本书研究的重点。文本分析，从不同的着眼点进行分析，将会有不同的方法，也将得到不同的结论。从语体视角研究，主要关注的是现代汉语科技文本的语体变量（体素）和语体之间的关系。当然，只有在对比中才能突出科技语体的特点，才能凸显科技语体变量的语体功能。

另外，学术论文纷繁复杂，各种期刊名目繁多，类别各异。社会科学中比较规范又被普遍认可的论文即 CSSCI 收录的论文；自然科学中比较正式而普遍认可的当属被 EI 和 SCI 收录的论文。因此，本书的研究对象就锁定在上述 3 个来源（CSSCI、EI、SCI），2 大类别（社会科学和自然科学）的科技文本。而这种研究对象在某些资料中也被称为学术语体，但这正是科技语体的核心内容。为了使研究尽量客观，本书采用基于语料库的经验主义方法。理论研究同样重要，所以在分析中应结合理性主义的理论探讨。关于语料的搜集整理和语料库的建设开发，后文相应的部分有详细说明，此处不再赘述。值得一提的是，由于科技汉语的语体特征必须和其他语体进行对比，因此其他语体的文本将作为参照对象。

1.2.3　分类

文本的分类相当复杂，可谓众说纷纭。如今文本分类已经成为一门专门的学科，在自然语言处理中叫文本分类（text categorization）技术。但是，分类的标准依据实际应用的需要，各不相同。文本分类的理论基础是认知语言学的范畴化理论，本书在对科技文本的分析中也将用到认知语言学中的范畴化理论。下文是对以往学者对文本语体分类的一些观点综述。

1. 按语体分类

陈望道（1979）根据不同的标准将文本分成了 8 类，但仍可以细分。根据郑颐寿（1987）对汉语语体的分类，科技文本的类属关系如图 1-1 所示。

同样是按语体分类，各人的观点又不尽相同。叶景烈（1985）对语体进行分类时，还将科技语体分为技术语体和科学语体，科学语体又分为社会科学语体和自然科学语体。从总体上来看，现代汉语中"科技语体"更加常见，所以本书采用"科技语体"这一术语。同时，鉴于普遍认为，科技语体分为社会科学语体和自然科学语体，本书相应部分也将社会科学文本与自然科学文本做了区别性分析。

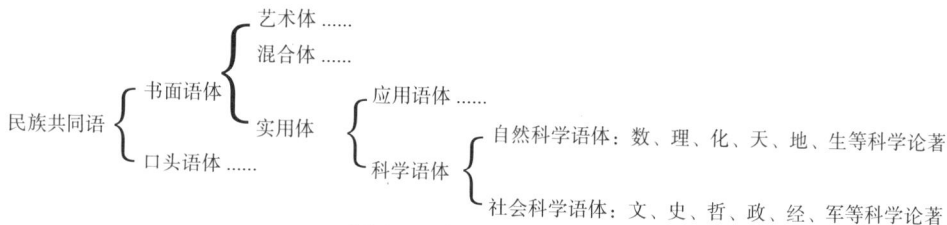

民族共同语 { 书面语体 { 艺术体⋯⋯
混合体⋯⋯
实用体 { 应用语体⋯⋯
科学语体 { 自然科学语体：数、理、化、天、地、生等科学论著
社会科学语体：文、史、哲、政、经、军等科学论著
口头语体⋯⋯

图1-1 汉语的语体分类

2. 按语域分类

实际上，语域和语体的概念非常类似，但是人们在研究翻译时多用语域的概念和理论，或因语域还可以指具体语境中的只言片语。因此，也有不少人从语域的角度对文本进行分类。比如，纽马克（2006）从实用翻译的角度出发，将文本大致分为四类：

（1）科技文本。

（2）社会－文化文本，如文化、社会科学和商业文本。

（3）文学文本。

（4）日常应用文本，如新闻、备忘录、信函、通讯社新闻、会议报告等。

从分类的内容来看，这种分类实际上是按照功能语言学中的语域来分类的，和上述语体的分类比较类似。但是，这种分类主要是从翻译的角度进行考虑的。

更多的分类因视角的不同而不同，此处不再详细探讨。本书正是基于上述两种分类选择了研究对象的语料为科技语体，参照语料为文学语体和政论语体。

1.3 研究现状

了解本书研究对象的现状之前，要先辨析相关的概念。只有这样才能继往开来，更好地进行分析。

1.3.1 相关概念辨析

1. 语体和语域

之所以要在这里对比分析语体和语域，是因为不少学者把语域和语体混淆，甚至等同视之。特别是在一些有关语体的论文中，其英文摘要往往把语体翻译成 register。要想将两者区别开来，先来简要地回顾一下语域理论的发展脉络。

（1）什么是语域。语域理论是系统功能语法中语境理论的核心部分，是逐渐发展起来的一种理论。语域理论发端于语境理论，而语境理论起源于20世纪初。马林诺斯基（Malinnowski）年代尝试翻译南太平洋特罗布兰德群岛上的土著语言时，意识到在译文中提供详细批注的方法有助于翻译质量的提高——批注的功能就是把文本置于情景之中。于是，他推知词语并非孤立使用，而总用于话语之中，除非有特定情境，否则毫无意义；句子也是如此，唯有在更大的有意义的话语整体中才有具体意义。此后，马林诺斯基提出了情景语境（context of situation）的概念，即语篇发生的环境。之后，他又进一步强调语言与社会文化的关系，推崇语言的功能和意义，并提出唯有联系语境方能理解话语。

继而，伦敦学派的一代宗师福斯（J. R. Firth）基于马林诺斯基的观点也探讨了语境的概念，并提出语言学应是对意义的研究，而意义是语言在语境中的功能。福斯的进步之处在于他认为情景语境和言语功能类型的概念可抽象为纲要式结构成分，从而适用于各种事件。他试图将语境的概念融入普通语言学理论之中，这为语境理论的进一步发展奠定了基础。

韩礼德继承和发展了伦敦学派有关语境的探讨，并把语境纳入他所创立的系统功能语言学中。韩氏把语言意义归结为社会符号系统，也即语言意义不孤立地存在于语言单位之中，而是与特定情境语境所体现的社会符号系统密切相关。根据聚合的观点，韩礼德（1978）将语义系统看成语义系统潜势的网络。这个网络包含了许多相互联系的系统，每个系统就是一套选择。语境制约语篇，各种语境变量综合激发语义系统，从而产生各种词汇语法选择。语境（context）在韩氏早期的作品中就是语义（semantics）的代名词，后来他的作品中的语境才指情景语境（context of situation）。最终，韩氏将语境、语法和语义联系起来，使之成为其语言理论的有机组成部分。

一般认为，register 这个术语最初是由瑞德（Reid）于1956年研究双语现象时提出来的。1964年，韩礼德等人在研究"语言规划框架"（institutional linguistic framework）时，对语域进行了深入研究。他们认为语言随功能变化而变化，这种以用途区分的语言变体就是语域。例如，教堂做礼拜用语和学校上课用语不同，两者属于不同的语域。韩氏还认为语域之间的不同还表现在形式上，即词汇和语法上，其中词汇方面的区别最明显。以英语为例，cleanse 主要用于广告语中；probe 主要用于报纸，尤其是报纸的标题中。最终，语域不仅成为系统功能语言学的一个重要概念，也成为了语境理论的核心。

后来，韩礼德将语境、语法和语义结合研究，使之成为其语言理论的有机成分。韩氏的情景语境模式与"语域"密切联系，所以他借用"语域"这一术语来指不同语境中受不同情景因素支配而出现的变体。语域指语言的功能变体，是基于语言使用的变化（1978）。基于瑞德的理论，韩礼德进一步把语域变异的情景因素归纳为三个变量：语场①（field of discourse）、语式②（mode of discourse）和语风（Style of discourse）。韩氏 1978 年在其作品中将语风（style of discourse）改为语旨③（tenor of discourse）。据笔者分析可能是因为"语风（style of discourse）"中的 style 一词容易引起歧义，因为它容易让人联想到语体或文体；尽管韩氏更改了这个术语，语言学界还是有很多人后来把 register 和 style 混用。或许，这是国内学者将两者语域和语体混淆的根源之一。

韩礼德将语域视为一个意义的归纳，位于语义层而并非语义层之上的语境层；从本质上来说，语域是语义可能性的集合，语域的转变意味着语义层的重组。而语场、语旨和语式则属于情景语境的特征，位于语义层之上的语境层面。语域是分析的中间层面，将语篇中的词汇语法体现与情景类型相联系。他还认为语言功能在语言表层结构中的实现是与社会文化环境密切相联系的，这和后来社会语言学对语言变体的解释吻合，即语言的功能变体是社会文化环境决定语篇体裁，而语篇体裁则受制于语域分析中的三个变量：语场、语旨和语式。

语场④（field）指"所谈论的事"，它主要体现语言的概念功能，并通过及物性系统来体现。翻译研究者往往以语场为切入点，对原文和译文中的及物性系统进行对比分析，以发现源语和目的语在语场的体现方面存在的异同及其

---

① 国内学者对 field of discourse 的翻译不太一样，如朱永生将其翻译为"话语范围"。

② 国内学者对 mode of discourse 的翻译不太一样，如朱永生将其翻译为"话语方式"。

③ 国内学者对 tenor 的翻译不太一样，姜望琪（2013）将其翻译为"语脉"。参看黄国文、辛志英主编的《系统功能语言学研究现状和发展趋势》第 186 页。而朱永生，则将 tenor of discourse 翻译为话语基调。

④ 和语义学的语义场（semantic field）不同，语义场是借用物理学中"场"的概念而来的，是指语义的类聚。语义场强调的是一个词跟全体词在语义上存在着密切的联系，只有通过比较、分析词与词之间的语义关系，才能确定这个词真正的内涵。

转换规律；也可以把语场作为一个变量来考查译文质量或描述翻译现象。比如，豪斯（1977）的翻译质量评估模式中就包含了语场这个变量。

语旨（tenor）是"交际中涉及的人以及交际双方的关系"。人际功能与交际双方的言语角色、语气、情态等多方面因素相关，如皇帝和臣子说话时特定的君臣关系表现出不同的言语角色、说话语气、情态差异。在翻译研究中可以以语旨为切入点，对原文和译文中的交际双方的言语角色、语气或情态等方面进行对比分析，以发现源语和目的语在语旨的体现方面的异同及其转换规律。例如，黄国文（2002）尝试从人际功能的角度出发对唐诗英译进行分析；也可以把语旨作为一个变量来考查译文质量或描述翻译现象，如贝尔（1991）将语旨用于其语篇参数理论，豪斯(1977)的翻译质量评估模式中亦考虑到语旨这一变量。

语式（mode）是"交际的形式"，即口头交谈还是书面沟通。根据韩礼德（1985）的语篇分析理论，语式与语言的语篇功能（textual function）相关，后者有三个语义系统来体现：主位结构（thematic structure）、信息结构（information structure）和衔接（cohesion）。在翻译研究中，可以以语式为切入点，对原文和译文中的主位结构、信息结构或衔接结构进行对比分析，以发现源语和目的语在语式的体现方面存在的异同及其转换规律。例如，贝克（1992)通过观察语篇衔接系统从语篇的层面来探讨翻译过程中遇到的困难及其策略。总之，众多翻译理论家都认为，对语篇的语域进行界定是成功翻译的前提；只有这样，原文的语域信息才有可能最大限度地在源语理解和译语生成中得到体现。

因此，总体而言语体和语域研究的对象和侧重点各不相同，语域侧重于语义研究。所以，尽管两者在很多方面都颇为相似，但是并非一个概念。

（2）"语域"与"语体"的翻译。语域与翻译有关，然而恰恰是在翻译中，"语域"和"语体"产生了混淆。语域，作为系统功能语言学的一个重要理论，从提出到现在，已经被用来分析许多语言学现象。语域发端于翻译，自然不少学者都将其和翻译联系在一起进行研究。甚至在机器翻译领域，语域也有重要作用，如冯志伟（2004）认为："使用域（register）的不同是指语言使用中的礼貌因素、社会地位因素及其他社会因素对词语使用的影响。使用域的差别也会影响到同义词的选择。机器翻译研究中，同义词的意义色彩差别、搭配约束和使用域对于译文的质量有明显的影响，我们应该考虑到这些因素，正确地选择恰当的同义词。"不仅如此，机器翻译的领域自适应技术从本质上看，就是要让机器翻译模型适应不同的语域，从而实现更加精准的翻译。不过，更多机器翻译技术人员一般用领域（domain）而不是语域（register）这一术语。

语体和语域的混淆始于register一词的翻译。语域是系统功能语言学中的"register"一词在汉语中最常用的翻译，但其他翻译版本众多：①语域（吕叔湘）。②使用域（冯志伟）。③语体风格、语域（《牛津英汉双解词典》第七版）。④语体（桂诗春，冯胜利）。⑤文域（王振华）。

之所以产生这么多种不同的翻译，原因大概有三。其一，因为register一词在汉语中没有一个完全与之对应的词，"语体"的概念虽与其类似，但"语体"没有令人信服的统一定义；而register在音乐学和声学里被翻译为"音域"，于是有人被翻译为了"语域"。其二，也可能因为register与语言使用的领域有关，于是将其翻译为"使用域"，后简称为"语域"。据笔者考证，"语域"一词初见于20世纪70年代末吕叔湘先生的文献中，他明确地表示该词应该翻译为"语域"。据笔者考证，应该是吕叔湘先生第一个将register翻译为语域，但他未阐明原因。其三，"域"和"境"在汉语里意思接近，而register又和语境密切相关，于是将其翻译为"语域"，达到了"和而不同"之目的。总之，"语域"虽是个语言学上的舶来品，但在汉语中也存在语域。

那么，到底"语体"该怎么翻译？对此程雨民（1989）、丁金国（2009）、刘辰诞和赵秀凤（2011）都认为，语体对应的英文术语应该是style。他们都对上述问题进行了评述与界定。因此，语域（register）和语体（style）应该在术语上区别开来，特别是在有关语体的论文摘要翻译中应该标准化，以免再引起不必要的误解。

（3）语域与语体的区别

社会语言学家徐大明（2006）虽没有明确区分语域和语体，但是将语域和语体分开论述，他认为语体是个人或社会群体根据不同的场合而做出的语言选择。语体虽然与文体风格和说话人的文化层次有一定关系，但主要是通过社会约定而形成的，是某一社区内绝大部分成员所遵循的语言习惯。

关于语体、语域、语类之间的区别，道格拉斯（2009）进行了比较详细的区分。从总体上来看，语域主要是和情景语境、功能有关的语义概念，强调语场、语旨、语式三者的关系。一般国内功能学派多把genre翻译为"语类"，语类即言语类型，语类与社会和文化语境有关；语类更像狭义的文体，即传统上说的体裁，如小说、诗歌、议论文等，但文体和语类也并非完全一致。而语体则是散漫于语言之间的，是从美学角度表现出来的语言特征，当然也能体现着一定的语言功能。因此，三者是语言的三个不同概念，相互之间有着一定的联系，但也有区别。综上所述，可以认为，语域之中有语体，语体之中有语域；当强调语言特征时，我们说"语体"比较恰当；当分析语言与语境的适切性时说"语域"比较合适。

语域理论是西方系统功能语言学的核心理论之一。但在国内，特别是汉语学界并不是太接受，主要表现在罕见有人用语域理论来研究汉语。尽管吕叔湘（1977）曾经呼吁国内应该加强汉语语域方面的研究，邢福义和吴振国（2011）等对语域也有介绍，外语学界对语域理论的推介更是不遗余力，但遗憾的是，汉语学界很难见到有汉语语域分析的论著。

与语域理论不同的是，语体理论在中国得到了长足发展。中国早期关于语体的理论多是从修辞学的角度进行分析的，且国内学者多借鉴苏联的语言学理论，但还是有不少学者相继地发展了语体学相关理论。如前文所述，语体和语域在本质上仍存在细微的差别。但是，语体的概念比较宽泛，学界对语体其实没有一个统一的定义。比如，近年兴起的"淘宝体""甄嬛体"都算是一种语体，而"科技语体""政论语体"也都是语体，这样语体概念就形成了广义上的语体和狭义上的语体。广义上的语体是语言功能变体，如科技语体、政论语体、文学语体等；狭义上的语体则是具有某种特殊风格的语言变体，如淘宝体、甄嬛体等。

语体和语域是如此的接近和类似，以致很难将其彻底分清，难怪多数学者不予区分。笔者认为，语体分析可分为宏观语体分析和微观语体分析。微观语体分析，即从语体成分的角度来分析语体特征。微观语体分析中，如果涉及语词层面，则和语域分析基本没有区别。比如，程雨民（1989）把语体成分定义为"不同的典型场合的同义语"。程先生的微观语体分析其实和语域分析本质上极为相似。实际上，宏观上的语体分析不仅包括语词层面的分析，还包括语音、语句、语格和语篇。所以，笔者认为语体的辖域远远大于语域。

总体而言，语域和语体非常接近。但是，语域强调语境和功能因素，而语体强调的则是语言的形式变化；语域着重于语义的语境层面，语体则着重于语言的表达层面；语域通常强调的是语义和功能，而语体强调的是体式和变异。总之，两者联系紧密，但并不对等。

本书把语体和语域两个概念区分对待，但并不过分强调两者的区别。文章的重点是分析科技汉语的形态特点，即语体。但是，分析语体的过程中也必然会结合语境、功能等相关理论。

2. 语体和文体

语体和文体也是既有区别也有联系的两个概念，若不区分，难免混淆。

狭义的文体是指体裁，是针对书面语的一个概念，它抛弃了口语语类。不少学者把语体学和文体学这两个近似的概念混淆，也就是把语体和文体混淆。文体和功能语言学中的 genre 最为接近，即语类，但是也并非完全相同。陶红印（1999）认为，文体主要是就篇章的结构而言的，而非语言特征。笔者认为，陶教授的观点是就狭义的文体而论，广义上的文体就是书面语体的各种体征。就文体与和语类的区别，丁金国（2009）进行了详细比较，并提出文体具有民族性的观点，也就是说不同民族的语言有不同的文体特征。冯胜利（2010）明确指出"语体不是文体"。实际上，文体大多数时候指代书面语的体裁。但是仁者见仁，智者见智，在外语学界也有不少学者把文体学和语体学近似地等同起来，如丁往道、邓鹏鸣、肖亮、徐大双、张德禄、贾晓庆、雷茜等。实际上，西方的 stylistics 大多都和语体相似。指代语言特点的术语在汉语界其实还有更多，如风格、文风、体裁、文类、体类、辞体、辞类等。并且，这些术语对应的研究内容传统上都被列为修辞学的内容。李熙宗（2005）、丁金国（2009）等都曾试图对这些概念进行区分和整合，并使之统一起来。但是，目前尚未得到学界一致认可。

文体是文学作品的话语体式，是文学作品的结构方式，也就是说，文体是揭示作品形式特征的概念。不过，这些观点至少都印证了一点，即文体是就书面语而言的，并不涉及口语。语体，从传统到现在，其含义越来越宽泛，至少是和上述提到的概念都有着一定的密切联系，很难割舍开来。童庆炳（1994）详细对文体的概念进行了考证与分析，他认为汉语中的文体包括三个层次，即体裁、语体、风格，并认为这三个层次各有侧重。实际上这是广义的文体学，这三个层次正是不同学者研究文体时不同的侧重点。

狭义的文体是指文章的体裁。从狭义的文体学角度而言，语体和文体的区别也是语言特点和体裁结构的区别。总结前人的观点，主要区别有三点。第一，语体是语言学的范畴，文体是文章学的范畴；第二，语体强调语言对意义的制约，而文体强调形式对意义的表达；第三，语体包括口语体和书面语体，而文体则是单就书面语而言的。但是，研究语体也离不开研究形式，因为特定语体的书面语体往往也对应特定的文体。所以，两者虽然有区别，但又密切联系。语域的变量之一语式和文体非常接近，但由于文体通常指书面语的表达形式，所以语式和文体也不相同。

广义上的文体就是书面语体。正如张德禄、贾晓庆等（2015）所述，文体学（stylisctics）是 20 世纪初才使用的一个术语，但其研究的重点也不断转移。文体在英语中就是 style，但这个词本身表示语体和风格。风格往往是指个人的语言特点，也即狭义的语体，如甄嬛体、淘宝体，这和海明威风格、福克纳风格中的"风格"是同义词。不同的人依据个人对语体研究的侧重点对语体提出的不同的操作定义多达几百种。实际上，从众多文体学研究的内容来看，文体学就是对书面语体的研究。因此，广义上的文体学研究就是书面语体研究。

综上所述，文体和语体是两个范畴，但是范畴的边界是模糊的。本书研究科技汉语的语体，也涵盖部分科技汉语的文体学特点。

3. 语体和语言领域

如前文所述，语域是系统功能语言学的一个术语，包含三个变量，即语场、语旨和语式。语言领域（domain）并非专门的语言学术语，常用来指语言使用的不同对象和范围，如医学、化学、生物等领域，包括许多子语言。[①] 语言领域多为一些非语言学专业的学者使用，如计算语言学学者，特别是机器翻译领域的学者多用 domain adaptation 来表示领域自适应。但是，从语义学的专业角度来讲，用 register 更专业，用 domain 更通俗，两者在某些语境下指的是同一概念。但是，语域多强调功能语言学中的三个变量，而语言领域则多是强调语言的使用范围。语体是和语域密切相关的一个概念，有什么样的语域，往往就会有什么样的语体与之相对应。

作为领域的下位概念，子语言是一种专门用于描述某类特定事物的，有着特殊形式的自然语言。子语言一般由专门从事于该领域的群体使用。比如，英语里的子语言有天气预报、飞机维护手册、医嘱，还有设备故障报告等。子语言实际上就是依据具体语言使用领域的不同而采用的语言变体，是普通语言的子集。其特别之处在于词汇、语义以及修辞等方面的变异。因此，子语言是一定语境下的特定言语（parole），并非是严格意义的语言（language）。子语言往往在句法上并无太多特异之处，只是在措辞上比较特别，往往使用专业词汇和特定的表达方式。

历史上，很多机器翻译系统都是为一些子语言或特定领域而设计的，如天气预报、旅行信息、科技设备说明书等。子语言相对比较容易把握特点，因而简化了机器翻译的难度。比如，其词汇被局限于一个范围内，而不用处理歧义问题。因此，子语言实际就是机器翻译界所说的受限语言领域。受限领域的机器翻译系统已经成为应用语言研究的重要领域，但目前大多数的统计机器翻译系统着眼于开放的语言领域，至少是范围相对比较广的领域，如新闻报道的翻译。2009 年前后有多家公司竞相关注不同的语言领域，如 NIST 公司主要翻译

---

① 　子语言，在有的文献中也被翻译为"亚语言"。

新闻事件，尽管后来扩展到翻译网络新闻社区的帖子，还有其他类似这样的资料。类似地，许多商业公司开发出了不同的针对不同领域的翻译质量较高的翻译系统。这样，只要机器翻译系统具备了领域自适应（domain adaptation）能力，就可以建立高质量的翻译系统，使翻译结果体现出对应的语体特征。因此，识别（认知）不同领域的语言就成为建立普适的机器翻译系统的前提。因此，语体和语言领域的认知研究也具有重要意义。

总之，语体和语言领域也是不同的概念。虽然两者有很多相似点，但是并不相同。

1.3.2　语体研究现状

尽管上文中笔者提出了自己对语体的定义，但实际上语体定义存在争议。因此，下文分语体的定义和语体研究的概况两个方面来分析语体的研究现状。

1. 语体的定义

究竟什么是语体，国内学者众说纷纭，莫衷一是。汉语学界对语体的看法并不一致，其英文翻译也不尽相同。不少学者追溯"语体"二字的渊源，并发现早期的"语体"是指白话文，对此这里不予细究，只论当代语言学中"语体"的概念。下面引述几例予以分析。

所谓语体，就是人们在各种社会活动领域，针对不同对象、不同环境，使用语言进行交际时所形成的常用词汇、句式结构、修辞手段等一系列运用语言的特点。因此，胡裕树，宗廷虎（1987）认为，语体是适应不同交际功能、不同题旨情景需要而形成的运用语言特点的体系。从这种观点来看，胡、宗所说的语体和语域非常接近。

刘大为（1994）另辟蹊径，从语用的角度对语体进行了分析。他认为"语体是言语行为的类型"，这种论断不无道理，也颇有创意，但是对于具体的研究来说难以操作。

王德春，陈瑞端（2000）认为，语体是按功能风格对话语进行的分类，分化的语言材料是语体存在的物质基础。人们在言语交际中根据语境选择带有某种语体色彩的语言手段与特定的表达方法，并与大量中性原材料组合，从而构建出某种语体的话语。他们甚至认为语体不是地域方言，不是口语与书面语的形式差别，不是文章体裁的差别，也不是社会方言，而是全民语言的功能变体。这种观点强调语体的语言特点，但否认许多其他视角的观点，似略有不妥。

邢福义先生和吴振国教授（2002）认为，语体的出现是语言分化的结果，语体是社会方言，是语言运用的风格。语言的分化是指一种语言分化为不同的变体或一种语言分化为几种不同的语言。使用同一种语言的社会成员，因阶层、职业、年龄、性别、文化程度、宗教等社会因素的不同形成不同的社会群体，不同的社会群体之间使用的语言有各种差异，这些差异就是同一种语言的社会变体，一般称为社会方言。社会方言的形成与许多社会因素有关，因而语言的社会变体很多，主要有阶层语、行业语、隐语、宗教和帮会用语等。这种定义是从社会语言学的角度对语体的本质和成因进行的分析。这种观点是从语言分化的角度对语体下的定义。

还有很多学者对语体概念各执一词，真可谓仁者见仁，智者见智。对于语体的概念，李熙宗（2005）曾将前人对语体的定义概括为六种学说，即语言特点体系说、语言风格类型说、功能变体说、词语类别说、语文体式说、言语行为类型说。他还试图将各家概念统一起来，提出"语体是在长期的语言运用过程中历史地形成的，与自由场合、目的、对象等因素所组成的功能分化的语境类型形成适应关系的全民语言的功能变异类型，具体表现为受语境类型制约，选择语音、词语、句式、辞式等语言材料、手段所构成的语言运用特点体系及其所显现的风格基调。"从字面来看，该定义的核心仍是"语言变体"和"语言特点"。这个总结性的再定义能否得到普遍认可还需要时间与实践的考验。

总体上来看，所有学者都不否认语体是通过某种语言特征体现出来的，能够体现出语体色彩的语言特征通常包括语音、词汇、语法、修辞方式、篇章手段、符号、图表等，口语体可能还存在其他的行为辅助手段，所有这些表达手段一般被称为体素（也有学者称之为体标记）。体素可以被归结为五个方面，即语音、语词、语句、语格、语篇。但是，语格作为一种修辞学的视角，并不适合从语料库语言学的角度对其进行统计分析，故本书主要是从语言学的角度，以定量研究为主。因此，下文后续章节的研究内容主要从语言的语音、语词、语句和语篇这四个方面的特征来展开。

丁金国（2009）认为，语体研究一般可以从语言、语义和语用三个层面开展。但是，语义层面的体素目前还没有成熟的方法来对其进行提取与统计。所以，本书作为一个基于语料库的分析，只是从宏观上的语体分析，并不计划深入语义层面。

2. 语体研究概况

一般认为，现代语体学之父是法国语言学家巴利（Charles Bally）。[①] 他于1909年出版了《法语文体学》，在其书中首次提出应该建立一门研究语言体裁的语言学科——语体学，并用现代语言学理论反思传统的修辞学。他的很多语言学思想成为当今语体学的滥觞。然而，巴利的思想并未立即引起语言学界的重视。

中国古代曾经有不少学者对类似于语体的问题进行论述，但并没有明确提出"语体"的理论，如宋代陈骙的《文则》、元朝王构的《修辞鉴衡》等有关修辞的论著，论及的多是文体，即与体裁相关的内容。近代以来有龙伯纯的《文字发凡·修辞卷》（1905）、董鲁安的《修辞学》（1926）、王易的《修辞学》（1926）、陈介白的《新著修辞学》（1936）、陈望道的《修辞学发凡》（1932）等也都是关于文体，即文章体裁的理论。这些作品中也涉及了一些个人语言风格的问题，但毕竟不是关于某类作品共同风格的语体理论。

作为语言学范畴的语体研究，一般认为，中国是从中华人民共和国建立后的20世纪50年代开始的。在借鉴苏联语体学和综合了汉语修辞学的基础上，汉语语体学注重研究语言形式特征与语言环境之间的对应关系。有关汉语语体风格的研究在20世纪80、90年代曾经盛极一时，涌现出一大批文献著作，影响比较大的有程祥徽的《语言风格初探》（1985）、张德明的《语言风格学》（1989）、黎运汉的《汉语风格探索》（1990）、郑远汉的《语言风格学》（1990）、王焕运的《汉语风格学简论》（1993）。21世纪初，汉语学界又涌现出黎运汉的《汉语风格学》（2000）、王德春和陈瑞端的《语体学》（2000）、袁辉和李熙宗的《汉语语体学概论》（2005）等。尤其，以复旦大学李熙宗为首的几个教授带出了一批研究语体的博士，如潘世松（2003）、王燕（2003）、赵娟廷（2003）、蔡玮（2004）、张玉玲（2008）、田荔枝（2010）、崔智英（2011）等，他们的研究吸收了新的话语分析方法和功能语言学的理论，也开拓了新的研究领域，如网络、电视等诸多语体。但是，科技语体（又称"科学语体"）的研究没有系统的文献与成果问世。

不光是科技语体研究不多，对科技汉语的专门研究也比较少见。早期对科技汉语的论述也只是散见于各种写作指导类著作，如李炳炎（1991）、欧阳周

---

① 巴利（Charles Bally），现代语言学之父索绪尔（F. D. Saussure）的学生，法国著名语言学家。他于1909年出版了《法语文体学》，法语原著名为 Traité de stylistique française，笔者认为应该翻译为《法语语体学》，因为 stylistique 和英语的 stylistic 对应，该词应该和汉语中的"语体"意思最接近，而"文体"仅指书面语体，下文对文体和语体的区别有所考证。

（1996）、陶富源（2005）、刘振海（2012）等人的著作。另一类关于科技汉语的论述散见于各种语言学教材，如邢福义（1991）、张斌（2002）等。然而，这些论述多是概况性的描述，内容大同小异，并无系统的实证研究与计量的语言分析。但是，同一时期国外的科技语言分析，尤其是科技英语已经系统化、精细化。王德春和陈瑞端（2000）对科技语体进行了研究，但只是对语体的概念、人际、话语三大功能进行分析，并不全面。因此，对科技汉语的语体研究有待重视和加强。

1.3.3　科技语体研究

科技语体也被称为科学语体、学术语体等。本书之所以采用"科技语体"这一术语，是因为在百度中对这三个词进行搜索后，结果是"科技语体"的使用频率最高，也即大众认可度最高。同时，科技论文是科技汉语的核心。由于对语体的分类一直是个颇具争议的问题。这里先声明，本书所说的科技语体主要是指以学术论文为核心的汉语书面语语体，同时包括科普文章和科学教材中的文学材料。科技语体可以具体分为自然科学语体和社会科学语体。

根据认知科学中的范畴化原理，书面语体可以分为科技语体、新闻语体、文学语体、政论语体、法律语体等范畴。科技语体作为一个范畴，还有次范畴（或子范畴），即社会科学语体、自然科学语体等，而这些范畴还可以进一步被范畴化为更细的下级范畴。根据核心范畴和边缘范畴的理论，在科技语体中既存在着如物理语体、化学语体、生物语体等典型范畴，又存在着历史语体、政治语体、文学语体等边缘范畴。范畴理论实际上是建立在经验哲学基础上的一种认知科学，这同基于语料库的研究有着天然的契合点。

人类对语体和语域的认知和运用能力在交际、演讲、写作、翻译等方面发挥了广泛作用。比如，在汉英翻译中，要先对源语文本进行语用分析——分析其生成的语境和接受语境，即源语文本的语场和语旨，特别是作者的意向；然后对源语文本进行语式分析，即语义分析，要了解作者用何种语言形式营造了什么情景，对谁传达什么信息，收到了哪些效果；最后，融合运用所学汉英文化和语言异同的知识，使源语文本的意义在目的语文本中得到再生。而这一人类认知模式在机器翻译领域叫作"领域自适应"技术，这一技术在最近几年的机器翻译领域得到重视，因为它可以有效提高机器翻译的准确度。但实际上，所谓的语式，在本质上和语体的概念最为接近，即用什么样的语体特征来满足语场、语旨的要求。

科技语体在其他语言中的研究已经相当深入，特别是作为世界科技通用语的英语，其研究早已开展得如火如荼，并已经取得了大量成果。以英语为例，科技英语研究的成熟表现在从不同的角度，由不同的学者进行了广泛深入的研究。从不同的角度，比如语篇（书面语）、话语（口语）、语域等，对科技英语进行研究的论著已经不胜枚举，贝兹曼、格罗斯、约瑟夫、古尔德等都对科技英语进行过不同角度的分析。在众多的科技语言研究者中，比较著名的包括巴提亚（1993）、韩礼德（2004）等。这些科技语域的外语研究可以为科技汉语的研究提供借鉴。汉语科技语体的语言分析可以参照与对比英语语言科技语体的特征，验证科技英语研究的一些理论是否在现代科技汉语中一样成立。

西方的科技语言（严格来说应该是言语）的研究不仅在内容上已经全面而深入，在技术上也成熟起来，呈现出自动化的趋势。早在 20 世纪 60 年代中期，英国政府的科技信息办公室就出资支持了一项关于科技英语的研究项目。该项目实际实施于 1964-1967 年间，由伦敦学院大学主办，主要研究人员包括 3 位语言学家（Rodney Huddleston, Richard Hudson, Eugene Winter）和 1 位计算机程序员。其中，Huddleston 和 Hudson 负责句法分析，而 Winter 负责具有前瞻性的话语分析。最终，他们于 1968 年发表了一份关于这项研究的报告《科技英语的句子和分句》。尽管该研究比较早，但还是利用了当时最先进的技术——电子语料库。他们建设的语料库包括 27 篇文章，平均每篇文章 5 000 词左右。1971 年，项目的主要负责人哈德斯顿（Huddleston）出版了一本基于上述研究的书《书面语中的句子：一项基于科技文本的句法研究》。在该书中作者主要围绕语气及物性与语态、补语、关系从句、比较、情态动词、主谓等方面对科技英语进行了分析。以及物性动词为例，哈德斯顿发现在科技语域的文本中有些动词只出现于被动语态中，如 associate、attach、derive、distribute 等；有些动词只出现于主动语态中，如 acquire、appear、consist、occur、seem 等。后来美国密歇根州立大学的 John M. Swales 教授基于另一个语料库对哈德斯顿的部分研究进行了重新检验。经检验发现，只有少数词汇（如 acquire 的用法）是因为数据稀疏而导致的描述不准确外，大多数结果差别不大，真实可信（2004）。

著名语言学家韩礼德近几十年来也对科技英语也进行了深入的研究，相关论文被收集成册，已编印出版。此外，对学术英语的研究也起步较早。比较有代表性的研究如斯维尔斯（1990）对学术英语的研究。后续的一系列研究带动了一批成熟的关于学术英语的研究。学术英语是科技英语的核心组成部分，是科技语体之重要载体，因此可以说，科技英语研究已经比较成熟。

相比而言，科技汉语的研究并不系统。国内关于科技语体、语域研究的多是结合翻译而研究，不同的论文散见于各种期刊，如周秋琴（2005）、朱琳（2013）、袁国威（2013）等。事实上，翻译中的应用也是语体研究的重要意义之一。汉语语体研究虽比较多见，但是对汉语科技语体的研究并不系统，相关成果只是散见于一些语体类专著的部分章节之中，且多是一些概要性的说明，如黎运汉、盛永生（2009）等。张明月（2011）对科技汉语的语体进行了综述性的研究，并列举了不少例子进行说明，但是没有数据的支撑与和语体的对比。这些研究多属于内省式研究，总体来看，多是结合功能语言学的理论进行。王德春、陈瑞端（2000）对科技汉语的研究既有理论也有部分数据，但是不够全面。因此，汉语科技语体的研究无论从理论的角度还是从应用的角度来看，都有待深入和系统化。

另外，英语国家对科技语域的研究表明，科技英语，特别是学术英语的言语也是发展变化的。例如，早期人们认为在学术英语中应该尽量用被动语态，以体现语言的客观性，但是随着时代的发展，现在的情况并非如此，不但越来越多的学者努力突破这一樊篱，而且在学术上也有人提出僵化的学术英语不利于科技的传播。因此，应该辩证地看待科技语体。所以，汉语科技语体研究也应该从历时语言学的角度，用发展的眼光来考查分析科技汉语的发展变化，系统了解科技汉语的特点，深化人们对科技汉语的认识。

总之，全面系统地开展汉语科技语体的研究具有重要的理论和现实意义。

1.4　研究意义

该研究的主要意义如下：

第一，对科技汉语语体进行系统的分析，有助于人们深化对科技汉语的认识，深入了解科技汉语的特点，便于在汉语应用中提高应用水平。比如，在科技写作和科技翻译中，体现出科技汉语的语体特点，增强翻译的适切性。

第二，本书是基于语料库的科技语体认知分析，是在认知语言学理论下对科技汉语语体特征进行统计分析的基础上得出的结论，有助于加深对科技汉语语言特征的认识。这对汉语自然语言处理领域的文本分类技术、有关汉语的机器翻译的领域自适应技术、人机对话、词典编纂都有一定的理论和现实意义。

第三，对科技汉语认识的深入也必将揭示科技汉语中存在的一些问题，并对相应的问题提出解决的办法，这有利于科技汉语走向规范化，有利于推行国家的语言战略，从而更好地推动汉语走向国际化，提升中国的软实力。

第四，科技汉语研究有利于建构完整的现代汉语语体学体系，进一步夯实汉语修辞学的基础，有利于语体学（包括文体学）、词汇学、语法学等相关学科的发展。

1.5 论文的基本思路和研究方法

1.5.1 基本思路

本书的总体思路是通过对科技语体的分析，找出科技语体的区别性特征，从而为人类认知语体提供参考，为机器识别语体提供依据。

首先，通过建立语料库来进行统计分析。人类对语体的认知主要是靠感性认识直接感知的，然而感性认识并不可靠。所以，本书的研究目的是通过研究体素在科技汉语文本里的分布特征来找到科技语体的基本语言特征和区别性特征。然而，区别性特征不能仅靠内省式的描写，需要理性地分析。丁金国（1985）曾引用马克思的话来提倡语体研究应该用数学的方法，即"一切学科只有达到用数学进行分析的时候，才算到了最精确的程度"。为此，要先建立汉语科技语料库；然后基于该语料库对汉语科技语体进行分析；最后，将统计分析的数据与认知科学的理论结合来分析科技汉语语体的特征。

其次，通过统计与对比来发现语体的区别性特征。对机器识别语体来讲，从自然语言处理的角度来看，语体的识别是一种基于语言风格的文本分类（text categorization）。文本分类的一般方法就是建立一种统计模型，把文本的语言特征转化为向量，使其在对汉语文本特征进行统计的基础上做出分类。因此，这种统计模型实际上是建立于一种基本假设的基础上，即有什么语体就有什么样的语言特征，有什么样的语言特征就应该属于什么样的语体。欲使计算机能够利用这些变量，先得对这些变量特征进行定量分析。因此，就要对人工确定的一些科技文本进行分析，确定这些变量在科技文本中有什么显性特征，即区别性特征。所以，基于科技汉语语料库，对科技语体的文本进行分析，得出区分的标准是研究的重点。从语体分类的角度来看，还需要对比科技语体和其他语体的特征。所以，本书的研究重点是分析科技语体与其他语体的区别性语言特征，并分析这种特征和语体之间的关系。目前，文本自动分类的实现一般都是通过对已知语体的文本进行训练（或称机器学习）来实现对未知文本的判定的。然而，一般的文本分类软件都是基于对词汇特征的分析来实现对文本的分类的。实践中，这种分类技术会遇到许多问题。因此，深入挖掘不同语体的语词特征，并深入分析词汇以外的其他语体特征，如语音、语句、语篇的特征等，显得格外重要。

最后，从体裁的角度分类分析汉语科技语体的特征。科技语体最典型的语料即科技论文语料。然而科技论文从篇章的体裁结构上分为篇名、摘要、正文、参考文献等部分。由于参考文献是具有固定格式的程序化语言，所以本书不做研究。但是，科技语体的篇名、摘要、正文等体现出了不同的语体风格，故全文分三部分，对三者分别进行语体上的统计、对比与分析。

总之，从本质上来讲，该研究是基于语料库的对科技语体知识的挖掘。具体而言就是基于语料库分析汉语科技语体的语音、语词、语句和语篇等方面的语体特征。修辞学视角下的语体研究尚没有成熟的方法可以进行量化研究。目前，多数基于语料库的修辞分析只是在手工标注的基础上进行基于微型语料库的分析，如庄翠娟（2008）、祝世军（2010）等。故本书不对修辞做深入探讨。

1.5.2　研究方法

第一，基于语料库的方法。由于文本的语体分类实际上是一种经验主义的思路，所以本书也采用经验主义的研究方法——基于语料库的科技语体分析。语料库语言学领域最大的优势在于，它甚至可以通过统计来区分不同语体中某些语言单位的不同用法，如小说和学术论文。因此，基于语料库的方法可以分析出汉语科技文本中体素的数量特征。同时，论文中将结合理性主义的分析方法，综合分析科技文本的语体特征。由于本书研究的是科技汉语文本的语体特征，所以必须基于科技汉语语料库进行研究。语料库将采用兰卡斯特汉语语料库作为参照语料库，同时为了全面研究科技汉语书面语体的特征，笔者组建了一个规模近 1.2 亿汉字的汉语书面语语料库，并对语料进行了标注。该语料包括科技论文篇名语料库、科技论文摘要语料库、科技汉语分类语料库、参照语料库四个分库。篇名语料、摘要语料分别来自随机抽取的 CNKI 数据库中 CSSCI、EI 和 SCI 期刊论文的汉语篇名、汉语摘要；科技汉语分类语料是在自己整理的部分科技汉语语料的基础上，加入复旦大学分类语料库中的部分语料共同组建而成；参照语料库主要是政论语体和文学语体，分别来自人民日报的政论文章和现当代的部分小说作品的章节。具体语料库的参数、检索工具、检索方法将在各章研究过程中进行详述，此处不再赘述。

第二，对比分析的方法。著名语言学家吕叔湘（1977）早年就曾强调在语法研究中重视对比的方法，并提出要进行中外对比、古今对比、普方对比和语内对比。本书作为现代汉语的语体研究，侧重现代汉语，因此将对现代汉语的不同语体进行对比。同时，将参考国外语体的一些理论，从理论上对比其他语种科技语体的特征，但不作为本书的重点。具体地，在研究中将篇名语言、摘要语言与正文语言进行对比，还将科技语体与文学语体、政论语体进行对比。通过对比的方法来证明科技语体区别于其他语体的语言特征，是本书的重要研究方法之一。之所以对比文学语体、政论语体是因为这些语料基本也都是书面语体，至于口语语体和书面语体的区别，由于差异较大，不作为本书的重点，故在文中没有参照分析。

第三，计量的方法。冯志伟教授认为，国内的语言学很少有计量研究，中国的计量语言学比较落后。本书尝试用计量的方法，对科技汉语的各种语言单位尽可能地以计量的方法，并结合相关理论予以分析。计量的方法并非是对定性分析的否定，恰恰相反，定量分析是为了更好地定性。

1.5.3 章节安排

基于上述思路和方法，本书将按照如下顺序来进行章节安排：第一章，阐述选题的缘由，概述有关概念和研究现状，提出研究问题，理清研究思路，计划研究方法，说明章节安排；第二章，分析科技汉语文本篇名的语体特征；第三章，分析科技汉语摘要的语体特征；第四章，分析科技汉语的正文的语体特征；第五章，对全文进行总结，并分析研究的不足，展望未来研究的趋势。

第2章　科技汉语篇名语体特征分析

2.1　引言

篇名，也叫"标题""题目"等，是用来表明文章、作品等内容的名称。但是，一般地，"标题"涵盖的范围太广，可以指大标题、小标题，甚至多级标题。"题目"是口语中不太严谨的说法，还有歧义，不具有排他性，容易引起误解。所以，本书用"篇名"来指置于文本开头最显要位置，用于说明文章主要内容的语句。科技文本的篇名和其他文本的篇名有不同之处，具有特定的语言特征。本章按照语音、语词、语句、语篇的顺序来研究科技语体的篇名，并开展对篇名篇章化动因分析的个案研究。由于篇名通常只有一个短语或一句话构成，所以不对篇名进行语篇方面的分析，但对其进行篇章化方面的分析。

本章分析的语料多数是学术论文的篇名，所以确切来讲应该是科技语体中的学术语体篇名分析。但是，科技语体的核心内容还是学术语体。本书整体上涉及的语料，特别是科技语体正文语料库也涵盖了学术论文以外的其他科技语料。所以，从全局考虑，将本章标题定为"科技汉语篇名语体特征分析"。

本章研究的重点是科技文本篇名相对于其他语体篇名的区别性特征、社会科学篇名与自然科学篇名的区别性特征。因此，文中重点以可统计的语言单位为对比对象，如词汇、句子、标点等。所用篇名语料来自 CNKI 数据库的 CSSCI、EI、SCI 三个分库，从每个分库分别随机抽取了每年的 6 000 则论文篇名。抽取的方法是采用 CNKI 搜索引擎，其"查新检索"每个年度最多可导出 6 000 则 ① 论文篇名和摘要，然后用 PowerGrep 软件和正则表达式分离出篇名和摘要，在 EditPad Pro 7.0 中用正则表达式进行语料数据整理，最终建立科技汉语文本篇名语料库（下文简称为"篇名语料库"）。

为了使研究对象更具有代表性，更接近于语言的本来面目，本书尽最大努力，尽可能地收集到所有能收集到的语料。为了分析科技汉语文本篇名的词汇特征，笔者对科技论文篇名语料库进行了分词和标注处理。分词采用中国传媒大学的分词标注系统，个别章节为了研究需要采用北京理工大学张华平博士开发的 ICTCLAS 2014 标注系统。详细分词与标注说明，请参看文后附录 1。该语料库的有关数据如表 2-1 所示。

表 2-1　篇名语料库相关数据

项目类别 语料来源	年　限	篇名 个数	总字数	平均 字数	标点符号 个数②	平均标点符号 个数
CSSCI	1979—2014	208 235	3 311 424	15.9	612 448	2.9
EI	1994—2014	117 092	2 191 988	18.7	276 270	2.4
SCI	1998—2014	79 105	1 769 012	22.4	254 942	3.2

2.2　科技语体篇名的语音特征

一般地，语音特征是口语语体分析的重点对象，也需要借助语音语料库和

① 最终得到的篇名与摘要数量可能低于 6 000 则／年。首先，个别年份收录论文总数也没有 6 000 篇；其次，篇名和摘要在文本整理过程中，删除了非汉语（主要是英语）论文篇名（如来稿须知、刊物年度目录、索引等，不一而足）。因此，不能以每年 6 000 则来估算语料的规模，而以最终实际得到的数量为准。

② 标点符号在语料中已被标注，可以通过正则表达式进行统计，但是由于标注会出现错误，经观察，发现有少许全角的英文字母也被标注为标点符号，但是数据巨大而复杂，不便一一手工删除，所以该数据存在少许误差。少部分明显的、有规律性的标注错误在语料检索过程中已不断修改与完善，所以总体上数据可信度较高。

相关软件来进行分析。本书虽然是讨论书面语体，但是书面文本的内容是供读者阅读的。所以，文本中仍然会有一些音韵格律的规律体现出来。因此，通过对篇名语料韵律的分析，就可以找到科技语体文本的篇名在语音方面体现出的一些特征。当然，这里需要对比一下文学语体篇名和政论语体篇名，才能体现出科技文本篇名的语体特征。

第一，文学语体文本篇名的音韵特征。文学语体包含太多内容，这里以小说语体的篇名为例。小说的篇名一般也不具有明显的音韵规律，但是小说中的章回篇名很多具有明显的韵律特征，如章回体小说《红楼梦》《三国演义》等的篇名明显地都是对偶句居多。

现当代小说章回体明显减少了，虽然多数章回体小说的章节篇名也不是工整的对偶句，但是也秉承了一定的音韵规律。比如字数相等、形成典型的四字格，如《白鹿原》等的章回篇名。

当代小说更多继承了章回体的布局，但多数没有了严格的章回体篇名，如巴金的《家》、莫言的《丰乳肥臀》等，都只有章回的数量标记（数字或表示顺序的汉字），没有章回的篇名。

第二，政论语体文本的篇名音韵特征。政论语体的篇名也有相当部分是讲究音韵规律的，如 2016 年 1 月 28 日《人民日报》第 6 版，共 5 个标题，其中 4 个标题都是对偶句或类似对偶句：《真情至 寒冬暖》《多措强防线 保障核安全》《传送"福袋" 爱心接力》《文化年货送下去 新春气氛浓起来》。

这种明显具有格律特征的篇名读起来朗朗上口，形式上显得文雅，很自然地使读者感到轻松愉悦，从而受到读者的欢迎。所以，在政论语体和报刊的篇名（标题）中比较常见。

第三，科技语体篇名的音韵特征。下文通过对科技文本篇名语料库进行检索分析，来验证科技文本的篇名中是否也有类似的音韵规律。观察发现，这种音韵的规律前后两句字数相等，通常是 2 句前后对应。所以，通过这一规律可以粗略地在科技篇名语料库中进行检索观察。检索的正则表达式为"^[\u4e00-\u9fa5]{n}，[\u4e00-\u9fa5]{n}$"，其中 n 为正整数。

检索结果发现，在自然科学篇名中没有这种篇名；在社会科学篇名中比较罕见，但是仍然有一少部分。n 为 1、2、3 时没有检索到任何内容，当 n 大于 3 时，部分结果如下：《持之以恒，必有收获》《佛界易人，魔界难进》《前人栽树，后人乘凉》《我是女性，但不主义》《地道的原文，地道的译文》《走出死胡同，建立翻译学》《加强民事立法，保障社会信用》《没有印第安人，反对印第安人》《身份与文本身份，自我与符号自我》《加强行政执法监督，提高行政执法质量》《教育科学决策的智库，繁荣教育学术的平台》《建立合理评价指标体系，促进大学英语上新台阶》《学习列宁关于哲学党性的论述，维护马克思主义理论的纯洁性》等。

从数量上看，在科技篇名语料库中，无论 n 为何值，匹配结果都小于 10，总体上具有这种结构的篇名总数不超过 150 个，在总数大于 20 万的社会科学篇名中，实在是微不足道。而自然科学篇名语料库中根本没有检索到任何类似结构的篇名。

以上数据及分析说明：第一，科技文本篇名整体上来说更注重篇名对文章内容的概况，体现其信息功能，几乎不重视音韵和韵律的使用。第二，社会科学篇名不是科技篇名范畴的典型成员，而自然科学篇名才是科技篇名范畴的典型成员，两者在音韵格律上有一定的差异。自然科学语体的篇名更加朴素，而社会科学篇名在音韵上略带政论语体和文学语体的特征。

当然，科技文本篇名可能和其他语体文本的篇名存在语音方面的其他差异，受研究手段和资料所限，此处无法开展更为广泛和深入的研究。

总之，科技语体的篇名不太注重音韵和节律上的特征，不大注重音韵方面的美学效果，而是更加朴素、庄重、正式，更加注重实际内容的表达。

2.3　科技语体篇名的语词特征

语词特征在篇名中主要是指篇名中的词汇特征。一般地，读者根据篇名就可以很容易地体会出一篇文章的主要内容和语言风格（如正式程度等），这实际上是一个理解和认知过程。自然语言信息处理技术中的文本分类（text categorization）系统却往往需要对整篇文章进行复杂的处理和计算才能做到这一点。那么，人类之所以能够通过对篇名的认知，进而做出对正文内容及风格的预判，无外乎是识别了篇名体现出的语体特征。篇名的语体特征除了上文提到的音韵特征外，还有语词等其他方面特征。

篇名由词汇和标点等符号组成，其中词汇有重要作用。在没有标点符号的时代，词汇起了最主要的作用；标点符号的出现为篇名表达特定的意义起到了辅助作用，丰富了表达的符号与手段。

一般而言，当人们看到一篇文章的标题都会明白文章的语体风格。这说明，篇名和语体之间有种对应的关系，大多数时候有什么样的篇名，就有什么样的语体特征。这些特征就包括语词方面的特征。下文通过篇名中的词类来分析科技篇名的语词特征。

2.3.1 篇名中的词类分布

词类，也被称为词性。针对词类和语体的关系，刘丙丽、牛雅娴、刘海涛（2013）等进行过研究，结果发现词类在口语体和书面语体中存在差异。下文对比篇名语料和自然语句中词类分布的差异，目的在于分析篇名语料和平衡语料在词类分布上是否也存在着差异。为了详细描写科技汉语篇名中词汇的语体特征，下文基于科技汉语篇名标注语料库，对科技汉语篇名中词类的总体分布特征进行了检索与统计。

1. 篇名语料中各词类的总体分布

下文分别对各词类做统计和分析，试图从词类分布特点来看汉语科技语体篇名的特征。根据语料标注集中的词性标注码（详见附录 1），用表 2-2 中的正则表达式[1]对实词（名词、动词、形容词、副词[2]、数词、量词、代词）和虚词（连词、介词、助词、语气词、拟声词、感叹词）及其对应词性成分进行检索，得到表 2-3 中的数据。表中各词类的数据包括该词类的成语、语素等。其中，形符是指字符，即重复字符可以累计的一个量。类符是指字符的代表形态，即对重复字符不累计的形符数。形符百分比是指词类形符所占总形符数的百分比，它代表的是该词类在文本中的概率。

表 2-2 科技语体篇名语料库中各词类的频率分布

类别 词类	正则表达式	形 符	形 符 百 分比	类 符
名词	\s\w+/(n|f|nr|ns|nt|nq|nz|t|s|jn|in|lgn|ln |Ng)\s	1 689 949	47.73%	37 373

---

① 在这里对文中首次使用的正则表达式进行标注，下文如遇类似检索使用相同表达式，不再标出。

② 副词是实词还是虚词，存在争议。朱德熙等曾认为副词是虚词，而英语中的副词部分按实词对待，部分按虚词对待。国内也有不少学者倾向于把副词划分到实词行列里。本文将副词按实词对待，特此说明。

续 表

类别 词类	正则表达式	形 符	形符百分比	类 符
动词	\s\w+/(v|vv|vyv|vlv|vlyv|vbv|vmv|vvo|vvq|jv|iv|lgv|lv|Vg)\s	912 004	25.76%	7 056
形容词	\s\w+/(a|aa|aba|ala|aaq|b|z|zz|ia|la|Ag)\s	145 851	4.12%	3 240
副词	\s\w+/(d|dd|id|lgd|ld|Dg)\s	51 598	1.46%	500
数词	\s\w+/(m|mm|mq|mmq|Mg)\s	70 068	1.98%	1 181
量词	\s\w+/(q|qq|qqy|qqm)\s	37 999	1.07%	313
代词	\s\w+/(r|Rg)\s	34 226	0.97%	127
连词	\s\w+/c(\s|/)	143 842	4.06%	117
介词	\s\w+/p(\s|/)	133 168	3.76%	108
助词	\s\w+/u(\s|/)	320 574	9.05%	30
语气词	\s\w+/y(\s|/)	1 090	0.03%	25
拟声词	\s\w+/o\s	137	0.00%	39
叹词	\s\w+/e(\s|/)	48	0.00%	22
合计①	——————	3 540 554	100%	50 131

由于科技语体篇名是特殊的书面语体，是篇章化了的语句，所以其词类分布可能不同于正常情况下的自然语句。为了对比科技篇名中词类的分布与自然语句中词类分布的区别，下文对平衡语料库——兰卡斯特现代汉语语料库（LCMC 2.0）中的词类分布特征也进行了统计。兰卡斯特汉语语料库的标注码和中国传媒大学标注系统所采用的标注码不同，因此采用的正则表达式也不相同。详细数据如表 2-3 所示。

从表 2-2 和表 2-3 的形符百分比可以看出，在篇名中词类变化幅度最大的是名词，它比平衡语料库自然语句中的名词比例提高了 17.20%。其他词类中，

---

① 由于这里没有统计不明词类、话语标记、谚语格言、词缀等（详见附录 1），所以这个统计数字和后文中的总词数可能不一致。特此说明。

比例增加的还有助词，增加了 0.22%，连词增加了 1.13%。其他词类均比自然语句中的比例有所降低，降低幅度最大的是副词，降低了 5.95%；然后是代词，降低了 4.87%；再然后是形容词，降低了 2.26%；再往后依次是数词、量词、助词、连词、语气词、介词、动词、拟声词和叹词。

　　综上所述，相对于平衡语料库中的词类分布而言，科技篇名语料在词类分布上产生了较大的变化，这说明篇名是一种特殊的语体。那么，为什么在科技篇名中，词类的分布产生了如此大的偏差，笔者在后文中将针对各种词类的详细情况进行具体的分析。

表 2-3　兰卡斯特现代汉语语料库 (LCMC) 中各词类词频率分布

项目类别 词性	正则表达式	形　符	形符百分比	类　符
名词	\w+_(n|ng|nr|ns|nt|nx|nz|f|fg|s|t|tg)	259 098	30.53%	13 830
动词	\w+_(v|vd|vg|vn)	221 931	26.15%	9 473
形容词	\w+_(a|ad|ag|an|b|bg)	54 169	6.38%	3 455
副词	\w+_(d|dg)	62 870	7.41%	1 207
数词	\w+_(m|mg)	33 173	3.91%	1 627
量词	\w+_(q|qg)	23 241	2.74%	379
代词	\w+_(r|rg)	49 584	5.84%	311
连词	\w+_(c|cg)	24 895	2.93%	181
介词	\w+_(p|pg)	37 650	4.44%	88
助词	\w+_u	74 935	8.83%	38
语气词	\w+_(y|yg)	6 390	0.75%	427
拟声词	\w+_o	348	0.04%	102
叹词	\w+_e\s	250	0.03%	24
合计	——————	848 534	100%	31 142

2. 科技篇名语料中实词词类的总体分布

通过对前文、后文中检索和计算的结果进行整理，得到表2-4的数据。

表2-4　各实词形符在篇名语料库中的比例及对比数据表

词性类别 语料来源	名　词	动　词	形容词	代　词	数　词	量　词	副　词
科技篇名语料库	47.73%	26.15%	6.38%	0.97%	1.98%	1.07%	1.46%
科技正文语料库	32.54%	23.88%	3.72%	3.13%	2.03%	1.77%	3.30%
兰卡斯特语料库	30.53%	26.15%	6.38%	5.84%	3.91%	2.74%	7.41%

由上表中数据还可以看出三点明显变化。

第一，科技篇名中名词比例明显增高。信息功能是篇名的主要功能之一。相对而言，实词的信息量最大，名词又是实词中信息量最大的词类。篇名往往通过名词来提示文章的主要研究对象。动词的名词化也是概念隐喻的一个重要来源，概念隐喻又是科技语体重要特征之一。因此，名词比例偏高是科技篇名的语体特征之一。

第二，科技篇名中副词比例明显降低。数据显示的第三个变化就是，副词也明显降低。副词通常对动词、形容词及副词等本身起修饰限定作用，由于篇名的篇幅所限以及篇名往往以名词为核心，故副词的作用就被弱化甚至省去。

第三，科技篇名中代词比例明显降低。事实上，代词往往是结合上下文使用的一种词汇，用来指代上下文中的事物。从语篇的角度来讲，代词主要起衔接和连贯的作用。而篇名在篇章化过程中，往往被压缩成一句话，甚至一个短语。因此，代词减少是篇名篇章化过程中的必然结果。

总体上看，这个统计类似于韩礼德（1989）在研究科技英语时所使用的词汇密度，韩礼德的研究表明科技英语的词汇密度高于普通文本，也即语体越正式，词汇密度越高。虚词主要起语法功能的作用，虚词是否在篇名中有不同于自然语句的地方也值得深入分析。虚词在篇名中的用法在下文详细进行统计分析。

2.3.2　科技篇名中的词长

词长是指汉语词汇所含汉字的个数。实际研究中，所说的词长往往是平均词长，即语料库中所有词长和词数的平均值。下文中直接采用汉字的个数来表示词长。当然，汉语界的学者通常用音节数来表示词长，如单音节词、双音节词、多音节词等。笔者认为用音节表示词长并不科学，因为字数和音节数并非绝对地一一对应。比如，汉语儿化韵中的"儿"有时不能算不上一个音节，"花儿"有两个汉字，实际上只有一个音节。同时，汉字中其实极个别的情况下也存在着一字多音节现象，如"瓩"就常被读作"千瓦"，即 2 个音节；俗字中就更多了，如"囍"通常被读作"双喜"。因此，在这里笔者用"N 字词"（N 为正整数）这种表达方法来表示词长。其他章节如无特殊说明，一概如此。

词长常常涉及的一个问题是在分词标注过程中的颗粒度问题，比如"语言所"和"语言研究所"各自属于词还是词组的问题。本书所用语料库如无特殊说明，均是采用中国传媒大学的分词标注系统，分词的颗粒度是细颗粒度，详细请参看附录 1。

篇名通常概括性强，并力求简洁，所以很多篇名都减缩为短语，只有少数篇名保留了完整的句子结构。但同时，篇名往往是比较正式的一种语言，在英语中常用大词字母比较多、拼写比较长的词来体现文本的正式程度。汉语中是否也是如此呢？科技汉语篇名的词汇是否也存在避繁就简的现象？下文通过统计数据来分析说明。表 2-5 是对篇名词长的统计数据。

从表 2-5 中数据来看，社会科学篇名中的平均词长比社会科学文本正文中的平均词长值略大；自然科学篇名中的词长实际上 1.6890，自然科学文本正文中平均词长实际为 1.6944，即篇名中的词长略小于正文文本中的词长，但差异不明显。据此，可以认为，在篇名用词上，社会科学可能为了表述更加准确，使用长词，而自然科学本身追求的就是准确，故篇名词长与正文词长差异不明显。

表 2-5　篇名中的词长分布

项目类别 语料来源	平均词长	1 字词	2 字词	3 字词	4 字词	5 字以上词
社会科学篇名	1.82	586 159	1 059 895	91 658	32 443	10 350
		32.92%	59.53%	5.15%	1.82%	0.58%
社会科学正文	1.74	4 491 105	6 022 463	453 484	254 114	52 908
		39.84%	53.42%	4.02%	2.25%	0.47%

项目类别 语料来源	平均词长	1 字词	2 字词	3 字词	4 字词	5 字以上词
自然科学篇名	1.69	846 456	1 104 224	116 523	23 783	4 597
		40.39%	52.69%	5.56%	1.13%	0.22%
自然科学正文	1.69	3 779 182	5 097 585	394 669	114 428	25 117
		40.16%	54.17%	4.19%	1.22%	0.27%

对比发现，社会科学篇名中的双字词和四字词的比例都高于自然科学篇名。相反，社会科学篇名中单字词和三字词的比例恰恰都高于自然科学篇名。词长的分布从某种程度上与韵律有着密切关系，甚至和审美观也不无联系。汉语词汇由单音节词（单字词）向双音节词（双字词）的演变被认为是汉语词汇发展的主流之一，而演化的动因之一与音韵和美感有关。尤其是在现代汉语中，通常双字词（双音节词）占主流；四字词（四音节词）通常都是成语和熟语，无论从音韵上还是视觉上都有一种中国文化的美感。而恰恰是这两种词在社会科学文本篇名中比例相对较高，而单字词和三字词是汉语词中的非典型范畴，读起来也没有前两者朗朗上口，其比例相对较低。因此，基于以上分析，可以推出结论：社会科学更注重音韵上的美感，而自然科学则更加注重文本的信息表述与传递功能，较少注重篇名用词在音韵上的美感。这从某种程度上可以解释自然科学篇名和社会科学篇名在词长分布上的差异。另外，语体风格跟美学其实有着重要的联系，这一点已经得到越来越多的学者认可。

2.3.3　科技篇名中的实词特点

1. 科技篇名中的名词

名词在篇名中能反映出文章涉及的对象和主体内容，是必不可少的词类。从表 2-3 和 2-4 可以看出，篇名中的名词比率比自然语句中名词的比率明显高得多，相差 17.20 个百分点。同时，篇名中能够提示文本对象信息的最主要部分就是专门领域的名词，即术语。术语是在特定学科领域用来表示概念的称谓的集合，又称为科技名词。它是通过语音或文字来表达或限定科学概念的约定性语言符号。因此，名词在篇名中的地位非常之重要。

从语域的角度来分析，通常篇名中的主要名词决定了文章的语场，即所要说的主题。其他的词汇或可以省掉，但是名词一般是必不可少的部分。那么语旨，则是由篇名的情景语境功能决定的，科技论文就是要面对专业的读者，所以用到的科技名词、专业词汇等需要符合语旨的要求。至于语式，篇名当然是要求用书面语，而且要符合篇名约定俗成的规律，当然也是语境和功能共同决定的语用特点。

下面用 PowerGrep 软件对标注过的篇名语料进行检索，通过正则表达式提取其中的普通名词（\s\w+/n\s）、名词性成语（\s\w+/in\s）、其他专有名词（\s\w+/nz）。得到数据如表 2-6 所示。

表 2-6　篇名中的名词数据表

项目类别 语料来源	篇名 个数	普通名词 词频	名词性成语 （形符｜类符）		其他专有名词数量 （形符｜类符）	
CSSCI	208 235	788 562	147	35	1 085	465
EI	117 092	526 529	3	2	350	101
SCI	79 105	426 528	8	4	499	124
合计	404 432	1 741 619	158	41	1 394	620

通过表 2-6 中数据我们可以看出，平均每个篇名中都要包含 4.3 个普通名词，且不论别的名词性词类以及名物化的名动词。所以，名词在篇名中的高频出现也是篇名，尤其是科技语篇篇名的语言特征之一。

科技汉语一般比较平实。平实，也叫质朴、朴实，是指语言不加修饰、不加渲染，平铺直叙，如实地反映客观实在即科学规律等。篇名本身就是一种篇幅受限的特定话语，因而要求用简洁、精炼的话语形式。汉语中有大量成语，这也是不同于英语等语言的特点之一。成语往往比较文雅、华丽，而且其字数通常为 4 个，占据大量文本空间，所以一般不应该出现于篇名。但这只是基于初步观察的假设，为了证明这一假设的正确性，需要对篇名中的成语进行统计分析。

中国传媒大学的标注系统对篇名中的成语进行了标注（详见附录 1），可以进行统计。表 2-7 中笔者统计了篇名中出现的名词性成语，顺便也对其他词性的成语进行了统计。通过名词性成语的形符数量和类符数量可以看出，EI 和

SCI 类的科技文本篇名用到成语的现象极其罕见。例如，在 SCI 和 EI 的篇名中名词性成语出现的概率几乎为零，在社会科学（CSSCI）篇名中名词性成语出现的概率则较高。这在一定程度上说明科技文本篇名的平实性，也说明社会科学的篇名没有自然科学篇名那么平实，因为绝大多数成语都出现于社会科学的篇名中。但从总体上来看，即使社会科学篇名中出现了少量成语，对于海量的篇名语料而言，也是微乎其微的。因此，可以肯定地说，科技文本篇名很少用到成语。

笔者进一步统计了动词性、形容词性、副词性篇名中所有的成语数量（详见附录 2），数据如下表 2-7 所示。

表 2-7　篇名中的成语数据表

项目类别	CSSCI		EI		SCI		合　计	
	形符	类符	形符	类符	形符	类符	形符	类符
名词性成语	147	35	3	2	8	4	158	41
动词性成语	282	152	10	9	14	12	306	173
形词性成语	38	19	0	0	2	2	40	21
副词性成语	0	0	0	0	0	0	0	0

对表 2-7 中的数据进行进一步分析，可以发现新的语用规律。附录 2 和表 2-7 中数据表明以下两点。

第一，动词性成语更容易出现于篇名中；然后是名词性成语，形容词性成语已经非常罕见，而副词性成语在篇名中根本不出现。这足以证明，几乎不用成语是科技汉语的篇名特点之一。

第二，大多数的成语都出现在社会科学篇名中，偶尔有成语出现于自然科学篇名中。成语往往使语言富于美感，充分体现了自然科学论文篇名的朴素，明显比社会科学篇名更加平实，同时体现出社会科学篇名的文雅。

一般的名词无法体现出科技汉语和普通汉语的区别，因为凡是表达所需要的名词，人们都可以用。但科技论文不同于一般的文本，它要阐释科学现象，所以要尽显客观。所以，一般地用词都用尽量规避含有主观色彩和民族色彩的词语。

为验证这一推论，下文以名词"中国"和"我国"为例来验证上述假设。

名词"中国"相对于"我国"来说更加正式而客观。因为"我国"表明自己可能是站在自己祖国的立场上考虑问题，或者其面对的读者对象是其所在国家的人民。所以，相比而言，它具有一定程度的感情色彩，略显主观性。"中国"一词则没有类似的意义，相对比较客观。因此，笔者选择它们为研究对象，来论证上述假设。表 2-8 是在 CNKI 在线数据库中，以"篇名"为检索对象，分别检索出的这两个词语在使用频率上的数据（检索时间为 2015 年 12 月 16 日 00:35）。

表 2-8　CNKI 数据库"篇名"检索数据表

例词	CSSCI 篇名	EI 篇名	SCI 篇名	综　合
"中国"	201 642	7 307	1 686	1 510 337
"我国"	118 128	1 679	197	856 890
比值	1.70	4.35	8.56	1.76

从表中数据来看，在各分库总体篇名数量不变的情况下，"中国"与"我国"这两个词的词频比值，由社会科学（CSSCI）到工程科学（EI），再到理学科学（SCI）依次逐渐增大。这一趋势充分表明，科技汉语中，人们会更倾向于使用不带个人立场或主观色彩的词语。这一点，上述一对近义词语的频率分布可见一斑。

语言是不断发展变化的。那么，这种篇名的语言特点是否会随着时间的推移而发生变化呢？变化的趋势又是什么样呢？通过数据，会让我们比较清晰地看到这种变化情况。基于 CNKI 数据库中的 EI 和 SCI 数据库，分时段来进行检索篇名中的"中国"和"我国"这两个词，数据如表 2-9 所示（检索时间为 2015 年 12 月 16 日 01:18）。

表2-9 科技汉语篇名中"中国"和"我国"的数据

例词	1991—1995	1996—2000	2001—2005	2005—2010	2011—2015
"中国"	66	536	2 224	3 332	2 618
"我国"	58	265	756	528	256
比值	1.14	2.02	2.94	6.31	10.23

从上表中数据可以看出，在总篇名数量已定的情况下，"中国"和"我国"的词频比值越来越大。这一趋势说明，科技汉语篇名中，带有一定立场或主观色彩的词语被越来越多地规避；能够有效体现客观性，不带任何感情色彩的词语被优先使用。当然，这也说明自然科学研究越来越国际化，完全面对"我国"读者的研究所占比例越来越少。

上述数据也印证了认知语言学的原型范畴理论，即范畴成员之间具有家族相似性，但是边界是模糊的。比如，自然科学篇名和社会科学篇名都是科学类的篇名，但自然科学篇名是典型范畴成员或核心成员，体现在其用词更讲究客观性，不太注重篇名的典雅和美感；社会科学篇名则是比较注重美学效果，对客观性则不够重视，所以它们是科技篇名的非原型范畴成员或边缘成员；两者的边界是模糊的，只是在某些量的程度上表现出来，并不能绝对地区别开来。

总之，名词在科技篇名中起重要作用。名词提示文本所涉及的领域信息，增强客观性，体现出科技篇名的特征。

2. 科技篇名中的动词

篇名中的动词的用法不同于正常的动词，多数为名动词。所谓名动词，是朱德熙（1982）提出的概念，即可以充任谓宾动词的宾语，可以接受名词的直接修饰的动词。但是，笔者认为实际上这个概念和英语中的动名词没有太大的区别，都是指名词化的动词，即动词用作名词，这种现象也被称为"名物化"。名词化在系统功能语法中被认为是语法隐喻的一种，而语法隐喻又是科技英语的重要特征之一。实际上，汉语中的名动词现象多数也是在正式程度高的语言中才出现。

本书所用的分词标注系统未能对名动词标注，故无法进行直接统计。但经观察语料发现大多数的名动词都居于篇名末尾，常见模式为"基于……研究""对……的分析"等。因此，检索篇名末尾的动词，可以大致统计到篇名中名动词的数量。用正则表达式（\w+/v\s\s$）对篇名语料库进行检索，得到名动词的词频列表（见附录 3）。根据统计，篇名末尾最常用的名动词有：研究、分析、应用、探讨、进展、发展、控制、综述、启示。

但是社会科学和自然科学篇名末的名动词又不太一样，作者又分别对其进行统计，得到各自的篇名末尾名动词的频率（详细见附录 3）。表 2-10 列出按出现频次由高到低排序后居于前 10 的名动词。

表 2-10　科技文本篇名中频次最高的名动词

语料来源 \ 项目类别	频次排名居于前 10 的名动词	形符总数	类符总数
社会科学	研究、分析、探、发展、探讨、启示、综述、论、考察、考	92 061	2 243
自然科学	研究、分析、应用、进展、模拟、控制、计算、表征、实现、探讨	10 675	1 377

从前 10 个名动词对比来看，前 2 个是一样的，说明"研究"和"分析"这两个词是典型的科学类文本篇名典型的语词标记。另外，从类符比较，社会科学比自然科学的篇名末尾的名动词多得多。这也说明，社会科学的篇名更加随意，而自然科学的篇名更加严谨。数据再次印证了典型范畴理论的正确性，即社会科学和自然科学在篇名上体现不出绝对的区别，边界是模糊的；不过，两者在用词的频率上体现出不同程度的差异。

总之，名词化是科技英语的最大特点之一。上表中的数据在一定程度上表明，名词化也是科技汉语的重要特点之一。

3. 科技篇名中的形容词

形容词在篇名语料中出现的频次名列第三，详细数据如表 2-11 所示。

形容词对于名词而言，往往做定语，起修饰限定作用；或者在句子中充当表语。统计发现，在篇名语料中，重叠型的形容词几乎没有出现。形容词重叠式只出现了 aa 式一种，且无论自然科学篇名还是社会科学篇名中的出现频率都是个位数。其他类型的形容词重叠式根本没有出现。因此，可以认为，篇名是非常正式的一种语体，而形容词的重叠式则是口语和其他不太严肃和非正式的书面语中使用的，所以科技篇名中极其罕见。

表 2-11　科技篇名中的形容词及其各种形式的词频数据

语料来源	普通形容词		AA 重叠式		区别性形容词		状态形容词词		形容词成语	形容词习语
	形符	类符	形符	类符	形符	类符	形符	类符		
自然科学篇名	48 957	392	2	2	36 887	1 945	166	28	2	20
社会科学篇名	25 772	647	6	3	15 294	1 424	232	76	38	100

根据上表中的数据，自然科学篇名中形容词的形符虽多，但类符较少；社会科学篇名中，形符虽少，但类符较多。这就是说，在用词上，社会科学更开放，而自然科学则比较封闭。

标注系统还对形语素（形容词性语素）进行了标注，笔者进行检索统计得到表 2-12 中的数据。

根据表 2-12 中的数据，形语素的分布比较稠密。这一结果可以对比其他语料库。比如，兰卡斯特汉语语料库（LCMC 2.0）中，总共出现 478 种形语素，19 098 词次，形符 - 类符比率为 39.95。但在科技篇名中就出现了 342 种，共计 18 972 次，其形符 - 类符比率为 55.47，这个数字远远高于平衡语料库中的情况。总体来看，科技篇名中用到的形容词性语素类符并不多，但是形符数非常高，这也是科技篇名的重要语体特征之一。

表 2-12　形语素分布对比数据表

语料来源 ＼ 项目类别	语料规模（字）	形语素形符	形语素类符	形符 - 类符比
现代汉语科技篇名语料库	6 796 608	18 972	342	55.47
兰卡斯特现代汉语语料库	1 314 129	19 098	478	39.95
现代汉语科技语体语料库	35 537 992	34 382	707	48.63

4. 科技篇名中的数词

数词多应该是自然科学语言的特点之一。任何自然科学恐怕都难以和数学割舍开来，但是篇名中是否也有大量的数词出现呢？为此，笔者对篇名中 d 数词进行了统计。

直接在原始语料中通过正则表达式"\d"进行检索，可以得到科技篇名中的阿拉伯数字的词频。标注语料中，通过正则表达式"[\u4e00-\u9fa5]+/m"可以检索到汉字数词。另外，社会科学篇名中的阿拉伯数字往往用来表示时间，通过正则表达式"((19|20)\d\d)|(\d+ 月)|(\d+ 日)"也可以检索出来。比如，表示年份的数字通常为 19 或者 20 开头的 4 位数；表示月份、日期的数词后面都有"月""日"等汉字。

从表 2-13 中数据来看，无论阿拉伯数字字符还是汉字数词，社会科学篇名都低于自然科学篇名。而且，社会科学篇名中的数词用来表示时间的比率高于自然科学。因此，自然科学篇名和社会科学篇名在助词使用上也存在着差异。这是由自然科学和社会科学自身的属性决定的。自然科学本身和数学密不可分，自然篇名中用到数词和数字的概率较高；社会科学和数学的关系相对较少，但和时间关系密切（如历史、经济等学科），所以自然较多地用到表示时间的数词。

表 2-13　科技文本篇名中的数字分布

语料来源	篇名总数	阿拉伯数字字符	表示时间的数字	汉字数词
社会科学篇名	208 088	28 644	4 086	26 770
自然科学篇名	196 578	73 618	1 187	36 683

数据再次表明，自然科学篇名和社会科学篇名是科技论文篇名范畴里两个不同的子范畴；但是，范畴的边界是模糊的。因此，科技文本不能直接依据篇名中数词的使用情况进行分类。

5. 科技篇名中的量词

量词是汉语的一大特点，相对于英语而言，汉语中的量词更加丰富。量词的使用使语言更加形象生动，同时体现出语言使用群体的认知特点和文化特性。现代汉语中的数词和量词往往搭配出现。所以，科技汉语篇名中数词出现的概率高的话，则量词出现的概率也应该较高。这一推论是否正确将通过数据来验证。在科技论文篇名语料中检索量词，得到下表 2-14 的数据。

表2-14　科技文本篇名中的量词数据表

语料来源	篇名总数	普通量词		量词AA重叠式		量词ABB重叠式		量词ABAB重叠式	
		形符	类符	形符	类符	形符	类符	形符	类符
社会科学篇名	208 088	16 178	195	48	12	2	1	1	1
自然科学篇名	196 578	21 793	197	25	10	0	0	0	0

从统计数字来看，自然科学篇名含有更多的量词，这和数词的情况类似。其原因和自然科学的性质分不开，数学和自然科学更加密切，而数词和量词往往搭配使用。所以，量词在自然科学篇名中频率较高。

另一个情况是科技论文篇名中的量词重叠式少，自然科学尤其少。这与其他词类重叠式的情况类似，重叠式一般用于文学语体或口语体中，不用于科技语体。但是，重叠式往往有一定的节律性，所以在社会科学篇名中偶尔使用。这恰恰体现出社会科学篇名和自然科学篇名这两种范畴成员的差异。

6. 科技篇名中的代词

代词在科技汉语里是很重要的一类实词。说其重要是因为代词可以替代较为复杂而冗长的语言成分，从而使语句简化，这符合语言经济性的要求。用PowerGrep软件在科技汉语篇名语料库中检索代词，得到代词的数据详见附录4。代词的相关数据如表2-15所示。

表2-15　科技文本篇名中的代词统计表

语料来源	篇名个数	代词形符	代词类符	篇名出现代词概率
CSSCI	208 235	18 409	118	8.8%
EI	117 092	8 582	46	7.3%
SCI	79 105	7 125	67	9.0%
合计	404 432	34 116	231	8.5%

检测数据和观察语料发现代词"其"的使用频率明显高于其他代词。"其"是个特殊的代词，朱德熙（1982）对代词的研究中并没有提到"其"的用法，说明它是一个现代汉语中不太常用的代词。但是，科技汉语篇名语料库发现代词"其"的频率高于所有其他代词。在 404 432 个篇名中，代词"其"竟然出现了 34 116 次，出现概率高达 9%。

代词"其"在篇名中出现频率这么高，至少有 3 个原因。

第一，"其"是单字（单音节）代词，读、写起来也比别的代词省力，体现出语言的经济性。

第二，"其"还是个多功能的物主代词，可以代替"他（们）的、她（们）的、它（们）的"，不仅囊括了所有的第三人称，还涵盖了单数和复数，满足了篇名简洁性的要求。

第三，"其"在古代汉语中频率就很高，在现代汉语中仍然比较常用。因此，不能算是文言代词；但至少也是个书面语的代词，口语中较少使用，因而显得比较正式、典雅，符合书面语的要求。

总之，篇名中的代词语用和其现代汉语自然语句中代词的不太相同。这是由篇名的语境、功能所决定的，同时是在篇章化过程中逐渐形成的一种语体特征，这种特征可以概括为简洁、严谨、庄重、典雅。

7. 科技篇名中的副词

副词是实词还是虚词，学界是有争议的，这里权当实词来研究。为了反映副词在科技篇名中的特点，笔者对科技篇名语料中的副词进行了检索，数据如表 2-16 所示。

表 2-16　科技文本篇名中副词相关数据表

语料来源	1 字副词		2 字副词		3 字副词		重叠式		合　计		篇名个数
	形符	类符	形符	类符	形符	类符	形符	类符	形符	类符	
社会科学	18 822	304	7 496	463	370	30	0	0	26 690	799	208 235
自然科学	33 988	254	9 280	285	217	17	0	0	43 485	556	196 197

注：上述数据经软件 PowerGrep 用正则表达式提取；3 字以上的副词多为副词性成语，未详细统计；合计部分含所有副词。

首先，数据表明，社会科学篇名中平均用到的副词词频（形符）低于自然科学篇名平均用到的副词词频，但是副词种数（类符）比自然科学的要丰富得多。这说明社会科学篇名中在用副词时更加随意，但较少用到副词；自然科学篇名中在用副词时比较谨慎，但比较常用。这种差异恰恰表明，科技语体在篇名上具有范畴的典型性与非典型性。

其次，重叠式副词一次也没有出现。这说明，篇名力图正式、简洁。重叠式副词相对用词较多，而且比较口语化，所以并不适合篇名的语境。但是，少数ABA式的副词短语在社会科学篇名中偶尔出现，其中部分副词带有一定的感情色彩。因而，在力求客观、正式的自然科学篇名中则没有出现。例如《影视翻译——翻译园地中愈来愈重要的领域》这篇，"愈来愈"基本上算得上是个文言副词短语，现代汉语用得极少，而这个词短语出现在篇名中，虽显得文雅，却正好背离了科技篇名简洁、朴实的特点。这也正是社会科学篇名不同于自然科学之处。再如《重写音乐史：一个敏感而又不得不说的话题——从第一本国人编、海外版的抗战歌曲集及其编者说起》，"不得不"是个带有感情色彩的有副词功能的短语，出现在篇名中显得格外另类。所以，在自然科学的篇名中不会有这种篇名。另外，这个篇名不仅特别长，还用到了1次冒号、1次破折号、1次顿号。这大大背离了科技篇名简约的语体风格，文学意味太浓。同时表明，社会科学的篇名相对自由，而自然科学的篇名则相当谨严。

再次，观察语料发现，自然科学篇名中程度副词出现概率较低。由于对副词的标注没有细化到对程度副词等分类的层级，所以无法进行有效统计。但是，这种现象可以根据常识进行解释，即科技文本是用来描述科学发现、讲述科研成果、传播科技知识的。所以，通常在科技篇名中的用词力求准确、简略、平实，不宜用夸张的表达方法，较少使用华丽的辞藻。因此，程度副词不应该出现得过多，尤其是极端的程度副词。但这种朴素的认识在此仅作为一种假设，有待今后技术成熟（词性标注更加精细）后再来验证其正确与否。

2.3.4　科技篇名中的虚词特征

虚词主要包括连词、介词、助词、语气词、拟声词和感叹词，下文分别进行分析。

1. 科技篇名中的连词

经检索，连词在科技语体文本篇名语料库中的分布如表2-17所示。

表 2-17　科技篇名中的连词分布数据表

语料来源	篇名个数	连词形符	连词类符	连词出现概率	单字连词个数	双字连词个数
社会科学篇名	208 235	74 664	49	35.9%	73 935	729
自然科学篇名	196 197	68 885	22	34.8%	68 292	593

从数据看，连词在社会科学文本篇名中出现得比自然科学篇名中多，即类符多，体现出更加随意的倾向。前者出现的连词类符数量是后者的 2 倍还多；但是在篇名中出现连词的概率非常接近。经过对检索结果的处理，发现下列 27 个连词不出现在自然科学篇名中，即不仅、不但、不过、于是、从而、但、但是、何况、即使、另外、因此、尽管、并且、或是、或者、所以、抑或、接着、无论、既然、然后、然而、甚至、而且、虽、虽然、要么。

这 27 个连词不但在形态上几乎全部是双字连词，而且多数表示递进、让步、转折、并列、因果等句间关系；很少是具有词间连接功能的连词。比如，可以表示词汇间并列的只有"要么"。这些词都没有出现在自然科学篇名中，说明自然科学篇名的句法相对比较简单，通常为单个较短的句子。

其中，有 14 个连词即使在社会科的篇名中也只出现 1 次，即不过、但、但是、即使、可见、或者、所以、抑或、无论、然后、然而、而且、虽、要么，其他的出现次数也都非常有限。

这充分说明，无论自然科学篇名还是社会科学篇名，都是相对比较简单的句子或短语。

此外，还有一个特点，即自然科学篇名中出现的连词只有 8 个是双字连词，其余 14 个都是单字连词。上述不出现在自然科学篇名中的连词也大多是双字连词。因此，自然科学篇名的特色基本上都是惜墨如金，尽量简洁、平实、准确。

无论自然科学（EI,SCI）还是社会科学（CSSCI），篇名中都尽量使用单字连词，力求使篇名简短，体现语言的经济性。社会科学双字连词形符数占连词总形符数的 0.98%；相应地，自然科学为 0.86%。自然科学篇名和社会科学篇名中，单字连词出现概率都在 99% 以上。这再次证明，双字连词几乎不在科技文本的篇名中出现，因为其不利于篇名的简洁性、语言的经济性。这一点从同义连词"及"和"以及"的出现频率对比中可以再次得到证明，如表 2-18 所示。

表 2-18　篇名中连词 "及" 和 "以及" 的对比数据

语料来源	及	以 及	比 例
社会科学篇名	20 582	108	208：1
自然科学篇名	33 438	161	191：1

在语料检索过程中还发现，连词在篇名中出现最多的，无论社会科学还是自然科学，都是单字并列连词，但频次略有不同。"及"和"与"三个单字并列连词在自然科学和社会科学篇名中都是出现的频次最高的，都是 5 位数，其他连词最多出现频次不超过三位数。但自然科学出现频次高低依次为"及"和"与"，而社会科学篇名中频次高低顺序则为"与"及"和"。这三个词并无意义上的区别，只是"及"往往体现三者以上的并列关系，或附带说明某种情况。据此可以推断，自然科学篇名通常会涉及更多实体或事物多方面的关系。但语料标注无法实现对这种关系的标注，无法得到进一步证明。

总之，连词在篇名中的特点体现出社会科学使用连词种类更为丰富，因而简洁性和经济性不如自然科学。这再次说明社会科学篇名不是科技篇名的典型范畴成员，它是介于科技篇名与非科技篇名之间的一种过渡范畴成员。但自然科学篇名与社会科学篇名在连词上体现不出清晰的认知边界，两者在连词使用上用法几乎完全一致。

2. 科技篇名中的介词

汉语中的介词作为一种虚词，往往置于名词、代词或相当于名词的其他词类前面，表示与它们的某种关系。鉴于介词的这种特殊功能，一般的汉语介词都比较短，通常只有 1 到 2 个汉字，且以 1 个汉字的介词居多。因此，介词也被称为小品词，这是语言的经济性的典型表现。介词一般被认为是封闭词类，其数量很少变化。

通过 PowerGrep 对篇名语料的检索得到有关介词的数据，如表 2-19 所示。根据表 2-19 中的数据，笔者发现以下几点。

（1）社会科学文本篇名中介词种类（类符）大于自然科学。原因有 2 种可能性：第一，社会科学的篇名数据量本身大于自然科学篇名数据；第二，社会科学的篇名比较随意，应用介词种类更丰富。根据常识判断，第二种可能性更大。

（2）自然科学篇名中介词使用率高于社会科学，但差距不大。在介词使用上，社会科学与自然科学不具有认知的区分度。

（3）单字介词总体上多于双字介词。这体现出科技语体篇名的简洁。但是，也有特例，如"基于"的使用情况特殊，其使用的频率远远高于其他介词。

表 2-19　科技文本篇名中的介词分布

语料来源	篇名个数	形　符	类符	概　率	单字介词	双字介词
社会科学篇名	208 235	51 454	55	24.7%	34 776(67.6%)	16 678(32.4%)
自然科学篇名	196 197	56 650	51	28.9%	35 251(62.2%)	21 399(37.8%)
合计	404 432	108 104	106	26.7%	70 027(64.8%)	38 077(35.2%)

经检索，"基于"一词位于篇名中介词频次第一位，共计 29 672 次。该词是一个特例，完全不同于其他的介词的情况。对其他介词而言，双字介词往往比同义的单字介词出现的频率低，因为在篇名中要体现简洁性和语言的经济性。但"基于"的近义单字介词"据"①远远低于"基于"的频次。分析后发现，"基于"一词形成的时间比较晚，比较"时尚"，具有一定的美学价值；又因其词义上强调理据性，所以在科技文本篇名中出现频率非常之高，是个典型的书面语体中常用的介词。

在双字介词中，"基于"是个例外。只有它比同义的单字介词出现的词频高。为了对比这一现象，笔者检索了相关数据，列表如下（表 2-20）。

表 2-20 中数据表明，除"基于"外，多数双字介词和同义的单字介词在篇名中的使用频率差距较大，单字介词往往大于双字介词。这正体现了篇名的简洁性和语言的经济性。我们可以把篇名视为一个特殊的语法系统，在这个系统中介词使用倾向于单字介词，但个别词例外。

---

① 《现代汉语词典》（第 6 版，第 601 页）解释"基于"的意思为"根据"，即"据"之意。

表 2-20　单字介词和双字介词词频对比

双字介词词例	词频（形符数）	单字介词词例	词频（形符数）
基于	29 672	据	227
对于	171	对	28 891
经过	29	经	281
为了	23	为	745
根据	94	据	227
沿着	3	沿	140
除了	2	除	94
随着	1	随	11
按照	12	按	75

关于"基于"词汇化为介词的过程，笔者进行了初步考察。据搜神网[①]中的语料，"基于"最早出现于汉代，但当时尚未固定下来，也不常用。后来才逐渐词汇化成了一个复合介词。其间经历了一个漫长的词汇化的过程。而且，还经历了由"实词＋虚词"向虚词转化的过程，在用法上还经历了宾语由具体向抽象转化的过程。其形成为意义、用法都和现在一致的介词应该是在近代。"基于"的语法化不是本书重点，具体尚需考证，此处不再赘述。

总之，科技语体篇名中的介词使用体现出篇名的简洁性、经济性、庄重性，同时往往也将一定的美学因素考虑在内。

3. 科技篇名中的助词

助词，作为一种虚词，有结构助词、动态助词、比况助词等的分别。但是，在语料分词标注中还无法实现详细区分。因此，有些多功能助词，如"的"既可以是结构助词，又可以做动态助词，详细的统计比较困难。但是，有些助词功能比较单一，则可以进行统计对比。

用正则表达式"[\u4e00-\u9fa5]+/u"对科技汉语语料库进行检索，得到助词的分布情况。详细如附录 5，整理后得到表 2-21 中数据。

---

① 　2016 年搜神网网址为 http://m.soshen.cn/soshen/ ，这是一个大型文献搜索引擎，包含大量时历时的语言数据（该网址现已关闭）。

表 2-21　科技文本篇名中的助词分布

语料来源	助词形符数	助词类符数	类符总计
自然科学篇名语料	156 852	14	30
社会科学篇名语料	163 880	16	
兰卡斯特平衡语料	74 935	38	38

上表中助词的类符数据足以说明，自然科学篇名中，用到的助词是有限的（14 种），相对于自然语句中的助词（38 种）不足一半。经过整理发现，下列 27 个助词出现在自然语句中，但没有出现在科学篇名中：在内、云云、样、惟、为止、说来、似的、似、起见、其、来着、来说、来看、来讲、来、可言、看、开外、极了、乎、给、而言、而外、等等、的话、不过、被。

上述这些助词多是"关联助词"，即和其他词关联使用，并不单独出现，比如"包括……在内""到……位置""那……来着""不过……而已"。这些词通常用于比较复杂的情况，用于详细地阐述、描写等，因此不用于篇名中。还有"云云""等等"重叠式的助词，多用于文学体裁或正文中，极少出现于篇名。总之，篇名的形式、功能和内容决定了其中出现的助词的概率是有限的，而不是任意的。

有些助词出现于篇名中仅仅是偶然现象，如比况助词"般"只出现在社会科学篇名中 1 次；"一样"只出现在自然科学篇名中 1 次。

一些助词不能出现于篇名，也说明篇名的结构是固定的，含有上述 27 个助词的结构，一般不用作篇名。

其中，"在"既出现于篇名，也出现于自然语句的一些助词中，有些助词的频率表现特别。比如，文言助词"之"在篇名中出现的频率明显高于自然语句。从表 2-22 中的数据可以看出具体的分布特征。

表 2-22　助词"之"的频率分布

项目类别	社会科学篇名	自然科学篇名	兰卡斯特现代汉语语料库
"之"在助词中名次	2	4	7
"之"的出现频次	5 987	255	1 169

从表中数据可以看出，"之"在社会科学篇名中不但频次排名靠前，而且频次偏高；但是，在自然科学篇名中的名次不但退居第4，而且频率明显下降。"之"是古汉语助词（文言助词）中最常用的一个；现代汉语中除部分固定搭配外，其功能和现代汉语的"的"类似，但显得比较文雅，具有一定美学价值。"之"频频出现于社会科学篇名，体现的是一种语言上的美学考虑。

《'85青年美术之潮》中的"之"无法替换为"的"。如果要换，也得把"潮"换成"潮流"。因此，从某种程度上说，"之"在现代汉语中，起到一定的言语经济功能，使语言更加简洁。

《"科学素养"之概念辨析》中的"之"完全可以被"的"代替，但是替换后显得不够文雅和正式。所以，这个"之"就是从修辞美学的角度的考虑，才使用于篇名中。

而在自然科学的篇名中，助词"之"虽然名列第4，但在近2万个篇名中，用到仅仅255次。这再次证明，自然科学文本较少从美学角度考虑，更多的是从实用，即语义表达需要的角度来确定篇名的用词。

此外，"之+数词"的形式，如"……之一"的这种结构在自然科学篇名中出现48次（通过正则表达式"\s之/u\s+\w+/m"检索统计而得，下同），占"之"总出现次数的18.8%；而这一用法在社会科学篇名中出现1 230次，占总数的20.5%。这种结构高频地出现篇名中，且位置多为篇名末尾，已经篇章化为一种篇名的语词标记。

如果除去这些篇名标记中的"之"，则自然科学篇名中使用的"之"的概率就更少。这再次印证了上面的结论。

当然，还有一种情况，即篇名中已经出现了"的"，为了区分层次或者从修辞美学的考虑，措辞上用"之"代替"的"。用正则表达式（"^.+(的 /u)+.+之 /u\s+\w+/[^/m].+$"表示助词"之"前有一个或多个助词"的"出现，且其后不是数词）检索和统计，得到这样的结果：这样的用法在社会科学篇名中出现943次，约占助词"之"出现总词数（5 897）的16%；对应的数据在自然科学篇名中为40次和15.7%。

总之，篇名的功能和内容决定了篇名的形式，也就决定了助词在篇名中的分布。所以，篇名中的助词是有限的，在使用的频率上也是有差别的。在自然科学篇名和社会科学篇名中，助词的分布也体现出一定差异。

4. 科技篇名中的语气词

语气词的功能是提示句子的语气类型，如陈述、疑问、祈使和感叹。在近代汉语引入标点符号以前，它是最重要的句法标记之一。篇名中语气词的分布也能反映出篇名的句子类型的分布特征。

经检索（所用正则表达式为"\w+/y\s{2}(?!"/w)"）[①]，科技篇名中使用的语气词极少，如附录 6 所示，有关统计数据如表 2-23 所示。

根据附录 6 中数据，除了"吗"和"了"两个相对比较常用的语气词外，篇名中其他的语气词极少使用，多数还是出现于社会科学篇名中。忽略掉篇名中的罕见的语气词，说明科技篇名基本上只有 2 种语气：陈述语气和疑问语气（多为设问）。这同标点符号的用法所证明的结果一致。

表 2-23　科技文本篇名中语气词的分布

语料来源	语气词形符	语气词类符	最常用语气词及词频
自然科学篇名	20	5	吗（15）
社会科学篇名	919	13	吗（820）
总计	939	13	吗（835）
LCMC[②]	6 390	48	了（3 722）

作为科学篇名的典型范畴，自然科学篇名中基本没有使用祈使语气和感叹语气；而作为非典型范畴的社会科学篇名则只用了少量的感叹语气与祈使语气。

笔者详细查阅后发现 SCI 中收录了极少数涉及人文社科的论文篇名。因此，科技论文篇名的特征符合典型范畴与非典型范畴的理论。

同时，在现代汉语平衡语料库 LCMC 中，语气词的频率明显（无论形符还是类符）要高得多。这再次说明，篇名在篇章化过程中，排斥了一切语气词。在自然语句中，最常用的语气词是"了"（3 722 次），排在第 2 的是"呢"（684 次），排在第三的是"吗"（497 次）。因此，篇名语料在使用语气词的时候，明显地不同于自然语句，除了少使用语气词外，在语气词选择上也有所限制。

[①]　考虑到部分篇名有引述的现象，该检索用到的正则表达式排除了篇名中引用所用的语气词。

[②]　所用正则表达式为"\w+_(y|yg)\s"，在 LCMC 语料库中，"_y"表示语气词，"_yg"表示语气词语素。

总之，语气词也能体现出社会科学篇名和自然科学篇名的差异。

5. 科技篇名中的拟声词和感叹词

有学者将叹词和象声词归为一类，即拟音词，如邢福义、汪国胜（2012）。但是，不少学者还是将其分为拟声词和感叹词两类，如朱德熙（1982）。鉴于这两类词的特殊性，朱德熙没有确定这两类词到底是实词还是虚词。这里暂列在虚词下处理。

为了分析科技篇名中拟声词的分布情况，笔者对拟声词在科技篇名语料库中进行了检索。但是，检索结果发现，科技篇名中不含拟声词和感叹词。相对于文学类篇名等而言，这是科技语体篇名的重要语体特征之一。

拟声词和感叹词的句法功能并不相同。一般语法研究较少关注拟声词，实际上拟声词主要用于描写，充当独立语或独立句，协助实词表达意义，使描写效果更生动。但是，科技篇名一般用于概括文本内容，所以在理论上不需要拟声词，实际也没有检索到。

感叹词，通常简称为叹词。叹词表示感叹或呼应，往往带有某种感情色彩。这正是和科技语体客观的语体特色相冲突的地方。科技语体追求的是客观、理性。因此，无论语法功能还是意义功能都不符合这种语体。所以，叹词在科技篇名中不宜出现。

2.4 科技文本篇名的语句特征

2.4.1 科技篇名的长度

句子长度是丁金国（2009）等提出的一种语体分析变量，这里笔者用来分析篇名的长度特征。篇名长度相当于把篇名当作句子时的句长。但实际上很多篇名并不是句子，而是短语，甚至是一个词，所以这里采用篇名长度这一说法。篇名长度是指单个篇名所用字符个数，这里字符主要指汉字，个别篇名也包含非汉字字符。在忽略标点符号的情况下，在 EditPad Pro 中，分别对 CSSCI、EI、SCI 的字数（汉字）进行统计，然后在 Ms Excel 2013 中进行平均值计算。计算公式为 $L_t = N_C / N_t$，其中 L_t 表示篇名长度，N_C 表示总字数，N_t 表示总篇名数，所得结果如表 2-24 所示。

表 2-24　篇名长度的相关统计数据

分库	篇名个数 (N_t)	总字数 (N_c)	篇名平均长度 (L_t)
CSSCI	208 235	3 311 424	15.9
EI	117 092	2 191 988	18.7
SCI	79 105	1 769 012	22.4

表中数据表明：$L_{t\text{-CSSCI}} < L_{c\text{-EI}} < L_{t\text{-SCI}}$。

这个结果有点意外，因为一般认为自然科学论文题目相当朴实，而社会科学论文题目则言辞华丽丰富，可能会前者长于后者。但实际结果是自然科学的篇名长于社会科学的篇名。

仔细观察语料发现，虽然自然科学篇名都比较长，但长句恰恰是为了把问题说得更清楚、把问题描述得更加具体，因而话语也更加严谨；而社会科学的篇名则不然，甚至为了达到吸引人的目的，或者从美学角度的考虑，作者不惜使篇名非常短，或非常长。比如，CSSCI 标题语料中最短的题目只有 1 个字，如《之》。经查阅，发现该标题实际上是连载的研究论文的一部分，但可以独自成为一篇论文，因此也当之无愧算得上是一个篇名。单字的社会科学篇名并不常见，自然科学的篇名中根本没有用单字的情况。

社会科学篇名有 2 个字的篇名，经查（用 PowerGrep 在未标注的篇名语料中查，所用的正则表达式为"^[\u4e00-\u9fa5]{2}$"），在社会科学篇名中，2 个字的篇名有 94 个，出现 103 次。比较典型的如《说犯》《说坟》《说皇》《说老》《说无》《说侖》《说"的"》《释"簋"》《释"五"》《释龟》《释皇》《释家》《释男》《释南》《释仁》《论度》《论礼》《论妙》《论孝》等。

由这些双字篇名可以看出，"说、释、论"都是社会科学类篇名的语词标记。同时，这些篇名还有带有浓厚的文言色彩，在白话文通行的时代，反而显得比较文雅。换句话说，社会科学篇名为了追求一种美学的效果，用文言词来作为篇名，导致了社会科学篇名更加简短。

但是，在自然科学的篇名中查找，没有找到 2 个字的篇名。3 个字及 3 个字以上的篇名就比较多了。为了更加清楚地了解科技论文篇名长度的相关数据，笔者用正则表达式"^.{n}$"对篇名语料库进行了检索，并将得到的结果进行了统计，如表 2-25 所示。

表 2-25　篇名长度统计略表

语料来源＼长度（字）	$n=1$	$n=2$	$n=3$	$n=4$	$n=5$	$n=6$	$n=7$	$n=8$	$n=9$	$n=10$	…
CSSCI	1	107	397	1 075	2 379	3 621	5 117	7 604	9 950	11 433	…
SCI+EI	0	49	16	134	119	283	439	1 014	1 697	2 837	…

从表中数据可以简单看出自然科学与社会科学篇名长度的增长趋势，由于页面所限，加上这种表格所显趋势并不够明显与直观，所以不再详细列表，而将统计数据在 Excel 中转化为统计图 2-1，呈现如下。

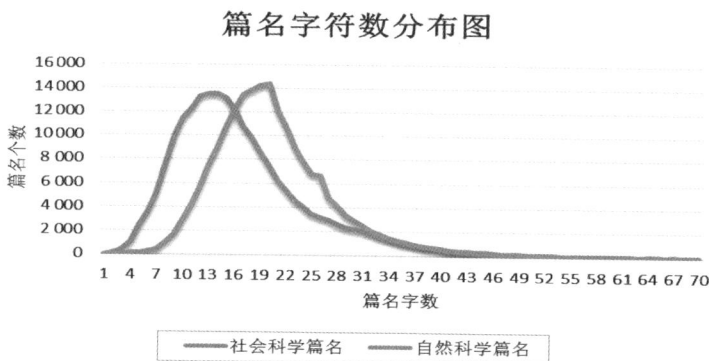

图 2-1　篇名长度趋势图

数据显示自然科学篇名最长的篇名为 120 个字符（含英文字母和空格），如《双核有机锡（Ⅳ）配合物 [Ph$_3$Sn(CH$_3$OH)O$_2$CC$_6$H$_4$CO$_2$(CH$_3$OH)-SnPh$_3$]·2CH$_3$OH 和 [Ph$_3$SnS$_2$CN(CH$_2$CH$_2$)$_2$NCS$_2$SnPh$_3$]·2CH$_3$OH 的合成、表征和晶体结构》。从例子中看，这个篇名之所以这么长，是因为其中的化学分子式太长，这是由其学科性质决定的。而社会科学篇名中，最长的篇名含 83 个字符，如《中国女性农民工在海外当代纪录电影中的呈现与表达——以 "LAST TRAIN HOME（归途列车）"、"SHE, A CHINESE（中国姑娘）"、"GHOSTS（鬼佬）" 为例》。该篇名之所以这么长，跟其篇名中含有英文字符有关，并且该篇名含有破折号、括号等多种标点符号。

实际上，从表 2-25 和图 2-1 来看，社会科学中，篇名总数在 2 000 个以上的字数都在 5 ～ 31 个字之间；自然科学中，篇名总数在 2 000 个以上的篇名字数都在 10 ～ 32 个字之间。这说明社会科学篇名和自然科学篇名，从总体上来看，字数都稳定在 10 ～ 31 字之间，但是高频的长度分布范围略有不同。

另外，从数据上看，自然科学篇名平均字数多于社会科学篇名，但是从科技篇名中的字符类型上来看，自然科学篇名中含有大量的英文字母和数字，这是自然科学研究内容的不同造成的。除去这个因素，自然科学篇名和社会科学篇名的长度可能会更加接近。

总之，自然科学篇名和社会科学篇名在长度上表现出差异。自然科学篇名平均长度大于社会科学篇名长度，两者最高频的篇名长度范围也不相同。

2.4.2　科技篇名的结构特征

所谓篇名的结构特征，主要是指篇名的内部成分之间的结构关系。但是，很多篇名都不是真正意义上的句子，而是一些短语，尽管短语有时也可独立成句。句子结构特征，就目前的语料分析软件而言，还无法进行精确的统计，所以暂不考虑定量分析，只是尝试从定性的角度来分析。观察语料发现，用完整的句子做篇名的情况比较少。所以，下文从短语的角度来分析篇名的结构。

除去篇名是句子的情况，其余的篇名通常都是短语。若从结构来看，汉语的短语类型较多，如主谓短语、动宾短语、偏正短语、中补短语、联合短语、连谓短语、兼语短语、同位短语、方位短语、量词短语、介宾短语、助词短语等。这些短语若按功能分类则又可以合并为名词性短语和谓词性短语，谓词性短语又分为动词性短语和形容词性短语。但是，并不是所有的短语都能独立地构成篇名。下文按短语的功能类型，即名词短语、动词性短语和形容词性短语来分别进行详细分析。

1. 名词短语类篇名

名词性短语又可以分为多种类型，如联合、偏正、同位、方位、量名、"的"字短语、"所字"短语等，下文逐一分析。

（1）联合型名词短语篇名。联合型名词短语篇名在社会科学篇名中较多，在自然科学篇名中较少。由于联合的前后两个部分仍然可以是比较复杂的结构，因此无法直接进行数量的对比。就"双字名词 + 和 / 与 + 双字名词"的类型进行比较，用正则表达式"^[\u4e00-\u9fa5]{2}(和 | 与) [\u4e00-\u9fa5]{2}$"检索，得到的结果如表 2-26 所示。

表2-26　联合型名词短语篇名数据表

篇名类型	联合型名词短语篇名个数	篇名总个数	概　率
社会科学篇名	328	208 089	0.16%
自然科学篇名	13	196 572	0.01%

数据表明，自然科学中这种篇名比较少见，而社会科学中相对较多。下面各举三例：《本土和域外》《辨体与破体》《曹操与儒学》为社会科学篇名；《进程和线程》《陶艺与环境》《数据与事实》为自然科学篇名。

这种篇名没有明显的语体标记。但是，从篇名所用词汇所在的语域可以判定其所属的学科类别。当然，这种结构的篇名有更短的，也有更长的。

根据需要，并列式连词前后字数不一定相等。连词前后字多与字少也没有固定规律。比如《美与美感》（社会科学篇名）、《行政与法》（社会科学篇名）、《教育和创造力》（社会科学篇名）、《角度和光散射》（自然科学篇名）、《互文性与翻译》（社会科学篇名）、《凝集素和毒素》（自然科学篇名）。

总之，联合型名词短语是比较常见的一种科技文本篇名。

（2）偏正型名词短语篇名。偏正型名词短语即定中名词短语。偏正结构的名词性短语做科技语体的篇名是比较常见的，尤其是社会科学，比如《吉姆的笑》（社会科学篇名）、《经济分析中的人》（社会科学篇名）、《海丰方言动词的态》（社会科学篇名）、《矩阵 Beta 分布的矩》（自然科学篇名）、《激光放大一维问题的解》（自然科学篇名）、《一般球对称带电蒸发黑洞的熵》（自然科学篇名）。

汉语的定语一般都是放在中心词的前面，名词性短语的定语显得比较长，这是科技汉语篇名的特征之一。长定语的形成是由于对名词中心词起到限定的成分比较多，这样就使意思表达得更加精确、严谨、周密，同时更加凝练、简洁和详尽。在这方面，杜厚文（1988）有系统的研究和介绍。但是，杜厚文所说的主要是正文里的句子中有长定语，这种现象实际在篇名中也一样的，甚至更常见。由于没有很好的量化分析方法，下面略举数例，予以说明：《基于宏观压力测试的我国商业银行系统性风险的度量》《基于机器学习理论的智能决策支持系统模型操纵方法的研究》《儿童三语习得中元语言意识的发展对我国少数民族外语教育政策制定的启示》《不同管理体制下政府投入对基层农技推广人员从事公益性技术推广工作的影响》《可调谐半导体激光吸收光谱技术应用于平面火焰中气体浓度二维分布重建的研究》《以单壁碳纳米管为涂层的固相微萃取纤维在水中苯氧基羧酸类除草剂测定中的应用》等。

从上述例子看，这些偏正结构的篇名，定语比较复杂，一般都比较长。这是由科技论文的性质所决定的，科研要求对研究的问题描述准确，定语越多，越能将问题说得具体，避免造成歧义。因此，长定语在科技篇名中是比较普遍的现象。

事实上，要确定篇名中的长定语现象是否比自然语句中更为常见，还需要定量的统计与分析。目前，尚没有方便检索与统计定语的句法标注软件。因此，这种分析的技术条件尚不具备，有待以后进行研究。

（3）同位型名词短语篇名。同位语短语往往由两部分组成，前后地位相同，语法地位一致。实际上，同位短语分为紧致型同位短语和松散型同位短语。紧致型同位短语是指同位成分之间没有任何书面的标志性停顿，同位成分之间靠语音上的短暂停顿来提示。这种短语往往比较短，在社会科学篇名中时有出现，但在自然科学篇名中几乎没有。比如，《诗人戴望舒》（社会科学篇名）、《作家、画家凌叔华》（社会科学篇名）。

松散型的名词同位短语是同位成分之间往往以破折号、逗号、冒号等隔开的同位短语。由松散型同位名词短语充当的篇名在社会科学篇名和自然科学篇名中都比紧致型更常见。比如，《沈宝基，中国的象征派实验诗人》（社会科学篇名）、《我国体育界的一面旗帜——马约翰教授》（社会科学篇名）、《"耶鲁四人帮"之一：希利斯·米勒》（社会科学篇名）、《材料科学的一个新生长点——生态材料学》（自然科学篇名）、《产品识别———一种以用户为中心的设计方法》（自然科学篇名）。但是，用逗号隔开的同位型名词短语篇名在自然科学篇名中较少使用，经检索没有发现。

总体上，同位型名词短语篇名在科技篇名中比较少见，而在自然科学篇名中尤甚。

（4）方位名词短语篇名。方位名词短语通常由"名词＋方位名词"构成。这种结构因为结构相对比较简单，可以用正则表达式"^\w+/n\s{2}\w+/\{2}$"进行检索。检索发现，无论自然科学篇名还是社会科学篇名中都没有这种篇名。模糊查找，发现有 2 个近似于这种方位短语的篇名，如《传说之后》（社会科学篇名）、《布莱希特之后》（社会科学篇名）。实际上，这两个篇名并非是方位名词短语，而是时间名词短语，但是结构和方位名词短语一致。上述两例皆出自社会科学篇名，在自然科学篇名中没有这种结构。

由于方位短语本身往往表达意思比较含糊，在没有语境的情况下较难表达清楚一个完整的意思，而科技语体往往追求精确。所以，在科技篇名中方位名词短语不能单独作为科技语体篇名。

（5）量词型名词短语篇名。量词型名词短语即量词短语，通常由"数词＋量词（＋名词）"构成，如一个（人）。这种结构可以通过正则表达式"^\w+/(m|mq|mm|mmq)\s\s\w+/(q|qq|qqy|qqm)\s\s$"来检索。但是，经检索科技篇名语料库中没有一个这种结构的篇名。这种结构也是一种黏着性短语，不能单说，在没有语境的情况下，很难确定所指。所以，在追求精确的科技语体中，不能独立充当篇名，只能和名词一起构成篇名。

如果将这种结构后面的名词算上，则实际构成的是偏正结构的名词短语。对"数词＋量词＋名词"结构的短语可以用正则表达式"^\w+/(m|mq|mm|mmq)\s\s\w+/(q|qq|qqy|qqm)\s\s\w+ /\w+\s\s$"进行检索，得到7个篇名:《第二次调节论》(社会科学篇名)、《两类反讽》(社会科学篇名)、《三个世界》(社会科学篇名)、《五号屠场》(社会科学篇名)、《一条鲶鱼》(社会科学篇名)、《第四代光源》（自然科学篇名）、《三次产业》（自然科学篇名）。

实际上，上述检索到的这种名词短语还有很多，上面检索到的仅仅是量词短语后面跟单个名词的情况。由于这里不是分析偏正结构，因此不再深入分析。

总之，量词型名词短语不能独立做科技语体的篇名，因为它所指不明，违背科技语体篇名追求精确的原则。

2.动词性短语篇名

动词性类短语一般包括动宾结构、连动结构、兼语结构、能愿结构、联合结构、偏正结构和正补结构七种。下面主要分析其中几种类型的短语作为科技篇名的情况。

（1）动宾短语篇名。动宾结构实际可以作为一个小句独立存在，相当于省略了主语的句子，也叫无主语句。

虽然大多数科技篇名并不是句子，但也有少数具有句子的特征，如动宾结构充当篇名，一般默认作者就是动宾结构的主语，所以省略不写。因此，形成了篇名即使是动宾结构也无须带主语的现象。比如，《论法律效力》（社会科学篇名)、《记广汉出土的玉石器》(社会科学篇名)、《读张爱玲》(社会科学篇名)、《评＜阅微草堂笔记笔记＞》(社会科学篇名)、《致现代主义童话作家陈染》（社会科学篇名)、《说意境》（社会科学篇名)。

动宾结构的篇名通常第一个词为动词，但有个别情况第一个是动词的未必整体上是动宾结构。据笔者对语料的观察，社会科学论文中这种情况比较罕见。据此，以正则表达式"^\w/v.+$"来检索，可以粗略地统计出社会科学篇名中动宾结构的篇名数量。据统计，这样的篇名在社会科学类论文中有 21 037 个，约占社会科学篇名总数 208 063 的 10%。可见，动宾结构的篇名在社会科学篇名中相当普遍，而这种结构往往主语就是作者。但是，这种现象并不适用于自然科学篇名。因为自然科学篇名比较复杂，即使第一个词是动词，整体上往往并不是动宾结构。比如，《含铜结构钢的发展》（自然科学篇名）、《解非线性方程组的神经网络方法》（社会科学篇名）、《竞争吸附现象》（社会科学篇名）。

上述例子所示的第一个词都是动词，但整体上看，篇名是偏正结构。因此，自然科学篇名中暂无法对词类现象进行较为准确的估算。

总之，在自然语句中，如果主语省略，一般构成祈使句或其他类型的省略句。但是，在篇名中则是一种比较常见的篇名结构，带主语的完整句子在篇名中反而是罕见的、具有特殊意义的。

（2）连动短语篇名。连动结构，即不止一个动词性成分连用，动词性成分之间既没有停顿，也不用关联词。这种结构在英语中通常是用非谓语形式来实现的，但是汉语的谓语动词和非谓语动词大多没有明确形态标记，所以不容易从形态上进行区分。在词性标注语料库中，可以根据动词的标注进行检索。

以最典型的"动词 + 动词"结构为例，用正则表达式"^\w+/v\s\s\w+/v\s\s$"来检索，得到的篇名并不多，如《冲突管理》（社会科学篇名）、《思辨缺席》（社会科学篇名）、《论省略》（社会科学篇名）。

不过，一般都会认为这种篇名实际上不是连动结构，如"冲突""思辨""省略"可以作名词，所以并不能算是连动结构。

比上述连动结构稍复杂的连动结构是"动（宾）+ 动（宾）"，以此为形式来设计正则表达式，应为"^(\w+/v\s\s(\w+/n\s\s)*){2}$"。结果发现除了大量存在争议（即名词化的动词）的例子外，有些是连动式的篇名语词标记构成的篇名，如《试谈汉语语义学》（社会科学篇名）、《试谈我国戏曲音乐体制》（社会科学篇名）、《试论城市减灾规划》（社会科学篇名）、《试论导师制》（社会科学篇名）。

"试 + 谈""试 + 论"实际是连动结构，但是这类词汇经常在篇名中出现，已经成为篇名语词标记。而且，这种两个连动结构有词汇化倾向，即经常一起出现，常被当作一个合成词。

更复杂的连动式应该是"动（宾）+ 动（宾）+ 动（宾）……"，它的正则表达式应该为"^(\w+/v\s\s(\w+/n\s\s)*){3,}$"，用它来检索，得到不少连动结构篇名。比如，《利用炼油厂废渣制备浮选捕收剂》（自然科学篇名）、《构筑数字化电网建设信息化企业》（自然科学篇名）。

上述 2 例实际也只有 2 层动宾结构，更多层的连动结构没有发现。第 2 例存在一定争议，因为严格的连动结构中间不能有停顿（包括语音的停顿），而第 2 例中间可以在语音上停顿。这种结构多用于自然科学篇名，社会科学篇名中偶尔也有，如《把握研究性教学推进课堂教学方法改革》（社会科学篇名）。而且，社会科学类的这种连动结构往往是可以在语音上停顿的。

总之，连动结构可以独立作为篇名，但是自然科学篇名中的连动与社会科学篇名中的连动类型并不相同。自然科学中的连动结构篇名多是"动宾＋动宾"结构；社会科学中的连动结构篇名常是"动＋动（篇名语词标记）＋宾语"结构。

综上所述，动词短语做科技语体篇名的情况非常罕见，许多动词结构甚至根本不能作为科技语体的篇名。

3. 形容词性短语篇名

形容词性短语主要包括四种类型，即比况短语、联合短语、偏正短语、正补短语。形容词性的短语本身不能独立使用，往往和其他词语一起才能单说，所以一般情况下不能作为篇名，但是也有特殊情况，如《红与黑》（小说篇名）。

为了全面分析篇名的结构，下面对上述 4 种结构的形容词性短语逐一进行分析。

（1）比况结构的形容词性短语。形容词性比况短语一般不能独立地单说，所以作为篇名的情况较少。比况结构往往有一定的形态标记，这种结构可以抽象为"像／好像／似／好似……似的／般的／一样／一般"。因此，根据词性标注码和标注格式，可以用正则表达式"^(好)*((像 | 似)/v\s\s)*\w+/\w+\s\s(似的 | 一般 | 一样 | 般的)/u$"进行检索。检索发现没有这种结构短语独立作为篇名，也没有在篇名中和其他词一起构成篇名的情况。这种结构本身属于表述性质，再加上带有修辞色彩，而科技语体本身往往是简洁、精确，并不追求美感，所以这种结构在科技语体的篇名中没有出现。

（2）联合结构的形容词性短语。联合结构的形容词性短语基本结构是"形容词＋连词＋形容词"，如平凡而伟大。这种结构可以用正则表达式"^\w+/(a(\w)*|b|z|zz)\s\s\w+/c\s\s\w+/(a(\w)*|b|z|zz)\s\s$"在科技篇名语料库中检索，结果没有一个这种结构的形容词短语可以独立作为篇名。形容词性短语的属性决定了它通常只能以定语、表语、补语等成分的形式和其他成分一起出现，而不能单独出现。比如，《隐性及显性语法知识与第二语言阅读》《正式和非正式的制度》。

总之，联合结构的形容词性短语不宜独立作为科技语体篇名。

（3）偏正结构的形容词性短语。偏正结构的形容词性短语也叫状中结构的形容词性短语，基本上有三种形式，如非常宽（副词＋形容词）、这么宽（代词＋形容词）、三尺宽（数量短语＋形容词）。

下面逐一分析这三种形式。

第一，"副词＋形容词"结构的形容词性短语。这种结构的正则表达式为"^\w+/(d|dd)\s\s\w+/(a(\w)*|b|z|zz)\s\s$"。经检索，没有这种结构的形容词性短语独立作为科技语体篇名。但是，这种结构可以和其他结构一起构成科技语体篇名。比如，《过冷沸腾气泡行为的实验研究》。

总之，这种结构不宜独立作为科技语体的篇名。

第二，"代词＋形容词"结构的形容词性短语。这种结构的正则表达式为"^\w+/r\s\s\w+/(a(\w)*|b|z|zz)\s\s$"。经检索，没有这种结构的形容词性短语独立作为科技语体篇名。甚至，笔者也没有发现这种形容词性短语和其他语词一起构成篇名的现象。因此可以断定，这种结构的形容词短语不能独立做科技语体的篇名。

第三，"数量短语＋形容词"结构的形容词性短语。这种结构的正则表达式为"^\w+/m(\w+)*\s\s\w+/q(\w+)*\s\s\w+/(a(\w)*|b|z|zz)\s\s$"。经检索，没有这种结构的形容词性短语独立作为科技语体篇名。这种结构可以和其他结构一起构成科技语体篇名。比如，《一种新的动态综合评价方法》《税收征管法》《中的几个重要问题》。但是，实际上这种结构并非真正的形容词短语，而是名词短语的前置修饰语。因此，"数量短语＋形容词"结构的形容词性短语也不能独立作为科技语体的篇名。

综上所述，偏正结构的形容词性短语不宜作为科技语体的篇名。

（4）正补结构的形容词性短语。正补结构（中补结构）的形容词性短语，如高兴极了（形容词＋副词）、好得不得了（形容词＋得＋副词）。

这种结构可以抽象为"形容词（＋得）＋副词"，其正则表达式为"^ \w+/(a(\w)*|b|z|zz)\s\s (得 /u\s\s)*\w+/(d|dd)\s\s$"。经检索，这种结构的形容词短语没有在科技语体篇名中出现过，也很少和其他结构一起出现于篇名中。

总之，形容词性短语没有独立作为科技语体篇名的情况，往往只能和其他词语一起作为科技语体篇名。

综上所述，从短语的功能类型来看，科技语体的篇名以名词性短语为主，动词性短语也较多，形容词性短语没有做科技语体篇名的例子。名词性短语中的几种不同结构代表了科技语体篇名的主要结构特征，最具代表性的是偏正结构的名词短语。

2.5 科技论文篇名的篇章标记

按照正常的顺序，分析完篇名的语音、语词、语句特征之后，应该分析篇名的语篇特征。虽然话语分析界不少学者都认为，一句话也可以构成语篇，但是篇名比较特殊，通常连完整的句子都算不上，充其量也就是科技文本语篇的一部分。尽管如此，篇名也体现出一定的篇章特点，如篇章化。

篇章化是自然语句在成为篇名时，为了适应篇名的语言功能和篇章功能而做的适当调整。关于篇名的篇章化研究，20世纪90年代以后成果比较多，如王华容（1991）、尹世超(1999)等。但是，对篇名篇章化进行系统研究的学者是刘云（2002）教授。以往关于篇名篇章化的研究大多是共时研究，对动因的探讨多是从语用和功能的角度来探讨。笔者在下文中将从语体的角度来分析篇名的篇章标记。

2.5.1 篇章标记的语体选择性

刘云（2002）认为篇章标记分为语词标记和标点标记。语词标记是重要的篇章化手段，指那些只能用在篇名中或者用在篇名中有特殊用法和特定意义的语词。标点在前面已经讨论过，所以这里主要探讨语词标记。篇章标记具有明显的语体选择性，也就是说篇章标记在不同的语体中表现不同，具有区别性特征。

汉语篇名的语词标记自古就有，然而有些现在仍然被沿用，有些已经非常罕见。而且在语料库里检索发现，不同的语体有不同的篇名语词标记。

文学语体中，如小说，典型的语词标记有"演义、传、记"等，这些一般不会出现于科技语体中。历史题材小说通常用的语词标记"演义"有浓厚的历史与文学色彩，如《三国演义》《封神演义》《隋唐演义》《樵史演义》《两晋演义》《东西晋演义》。"演义"是个后置篇名语词标记，只能放在书名末尾，不能放在书名开首。和"演义"类似，只能做后置语词标记的还有"传"。人物传记题材的小说和历史文献通常用到的语词标记为"……传"。当然"传"已经演变为不同的类别，可以分为"前传""后传""正传""外传""列传""大传""小传"和"自传"等，种类繁多，如《水浒传》《白蛇传》《梅尧臣传》《中山狼传》《列女传》《白发魔女传》《铁木前传》《慈禧前传》《神灯前传》《指环王前传》《闯关东前传》《李二嫂后传》《甄嬛后传》《陈真后传》《峨眉七

矮 蜀山剑侠后传》《屈原外传》《太真外传》《公羊外传》《飞狐外传》《武林外传》。

与"传"类似,文学体裁也常用"记"为篇名标记的,如《西游记》《石头记》《西厢记》《搜神记》《捉妖记》《鹿鼎记》《红灯记》。

与"演义"和"传"不同的是"记"还可以作前置语词标记,如《记丁玲》《记陈寅恪先生》《记冰心》《记一辆纺车》《记一个不合作主义者》。

文学体裁等特有的一些篇名语词标记还有很多,此处不再赘述。

从上面的语词标记来看,一般地,前置的都可以后置,而后置的不一定都能前置。比如,有一类单字篇名语词标记,本身往往都是转述动词,如"题、问、谈、说、论"等,它们既可以是前置语词标记也可以是后置语词标记:《题都城南庄》《题石涛黄山图》《题西林壁》《偶题》《贡院题》《诗问》《素问》《俗问》《天问》《问天》《问佛》《问刘十九》《梦溪笔谈》《十日谈》《池北偶谈》《谈骨气》《谈读书》《谈陈寅恪》《马说》《师说》《词说》《少年中国说》《说岳》《说唐》《说命》《说"的"》《论衡》《论自由》《论持久战》《过秦论》《伤寒杂病论》《资本论》。

从上面的例子可以看出,这些语词标记既可以是前置语词标记,也可以是后置语词标记。另外,上述的有些语词标记是文学散文的语词标记,有些已经逐渐成为议论文的篇名语词标记。议论文往往与科学有关,不管是人文社会科学还是自然科学,如《梦溪笔谈》《伤寒杂病论》《论衡》等都是古代的自然科学著作,《师说》《过秦论》等则是古代的一些社会科学论著,近当代的《资本论》(译名)、《说"的"》等,这些都是被沿用下来的社会科学的语词标记。这些议论文的篇名语词标记在当代汉语科技论文中仍然在使用,但是一般用于社会科学,而且显得文雅,而在自然科学论文中用的较少。

在社会科学中用"论"作为社会科学论文篇名前置语词标记的有 21 575 个,如《论权力》《论科学精神》《试论中国封建社会长期延续的原因》《浅论语用含糊》。"论"作为社会科学论文篇名后置语词标记的有 4 592 个,如《纵横家源起论》《对话教学初论》《著作权客体论》《中西史学异同论》。而在理工科的论文中"论"作为语词标记的较少,前置的只有 455 个,如《论优先发展信息产业》《浅论软件技术发展》《再论云制造》。后置的有 500 个,通常都要演化为"理论、讨论"等。比如,《正弦信号抽样中若干基本问题的讨论》《中国大气田成藏地质特征与勘探理论》。

从总体上来看,自然科学论文中篇名中用"论"做语词标记的概率非常低,如表 2-27 所示。

表 2-27 语词标记"论"的相关数据表

语料来源	前置"论"		后置"论"		篇名总数
社会科学	21 757	10.5%	4 592	2.2%	208 089
自然科学	455	0.2%	500	0.3%	196 572

表 2-27 中数据表明，语词标记明显具有语体的选择性，同时对不同的学科也具有明显的区别性。实际上，随着时代的发展，汉语中的语词标记已经分化为不同的使用范围，即不同的学科有不同的语词标记。比如，历史文献学常用的语词标记是"……考"，即考察、考证等意思。在社会科学篇名语料库中，语词标记出现次数多达 1 022 次（检索正则表达式为 ^.+[^ 思] 考 $）；而在自然科学篇名中这个篇名的语词标记出现次数则为 0。因此，语词标记也是语体差异的重要表现。比如，《西汉与西域关系述考》《壮族师公戏渊源小考》《浙江省河湖地名考》《赵武灵王长城考》《赵孟頫书法丛考》《昭通东晋壁画墓墓主考》《涨海考》《长沙蛮初考》《长沙方言本字考》《长安黄渠考》《张元干 < 芦川归来集 > 版本源流考》。

再如，"基于"一词在社会科学篇名中出现次数仅为 2 877 次，概率为 1.4%；而在自然科学篇名中则高达 18 432 次，概率为 9%。即使人文社会科学用到了"基于"这个篇名的语词标记，也往往是用在与理工交叉的学科，如语料库语言学中经常用到"基于语料库"（91 次）。因此，"基于"是自然科学典型的语词标记。

另外，社会科学篇名中会用到一些特别文雅的语词标记（如"管窥、管见、蠡测"等），既显得比较文雅，又显得比较谦虚。而这些语词标记在自然科学篇名中几乎没有，说明自然科学篇名不太讲究篇名的语词标记。比如，《口述史学的综合性质及研究方法管窥》《个人信息保护法制管窥》《乔姆斯基理论及其价值管见》《政治的上层建筑和思想的上层建筑关系之管见》《王弼美学思想蠡测》《晚清时期河南地权分配蠡测》《苏联"活动理论"蠡测》。

语词标记的语体分化从下表 2-28 中数据可见一斑。该数据是基于篇名语料库检索而得。

表 2-28　语词标记的频数差异数据表

语料来源	考	辩	蠡测	管窥	管见	试论	论	关于	基于	篇名总数
社会科学篇名	1 022	92	19	124	81	4302	14 910	5 512	2 877	208 089
自然科学篇名	0	0	0	0	0	62	309	463	18 432	196 572

从表中数据可以看出，有些语词已经分化，有些则是处于分化中。

分化的篇名语词标记是典型的区别性特征，完全不同于其他语体。文学语体的篇名语词标记，如"演义、恩仇录"等一般不可能现于其科技语体，也不会出现于政论语体。

语词标记的典型特征是常出现于句首和句尾，或者居于破折号的后面。为了叙述方便人们把通常置于篇名开首部位的语词标记称为前置语词标记，如"基于、关于"；把通常置于篇名末尾的语词标记称为后置语词标记，如"演义、管见、蠡测"等。

既然有前置语词标记、后置语词标记，那么有没有置于篇名中间的语词标记？经过观察，尚未发现有很明显的位于中间的语词标记。只是有不少语词标记是属于关联语词标记，部分内容位于中间，但不是自由的语词标记，不能单独使用，所以不能算作中置语词标记。另外，前文中在研究篇名的标点标记时发现，破折号经常居于篇名的中间。如果非要算中置标记，那么破折号应该算是典型的中置篇名标记。这一点在自然科学中类似，下文不再讨论。

有些语词标记是单独出现的，如"论、评、读"可以称之为自由语词标记；有些语词标记则是和别的词搭配出现的，如"关于……的研究、对……的分析、基于……的研究"等可以称之为关联语词标记。当然，有些语词标记既可以是自由语词标记，如《关于周作人》《关于<清史稿>的版本》；也可以是关联语词标记，如《关于遵守规则和私人语言的研究》《关于宗教本质问题的思考》。

总之，社会科学和自然科学在语词标记上有很大区别，也有一些共同特点。下文分述社会科学篇名的语词标记和自然科学篇名的语词标记。

2.5.2 社会科学典型的语词标记

1. 社会科学典型的前置语词标记

通过正则表达式提取了社会科学篇名中的第一个词，然后对照语料进行分析，得到社会科学篇名中排名前10的前置语词标记，对应的为用于对比的自然科学篇名中的语词标记数据，如表2-29所示。

表2-29 社会科学最典型的前置篇名语词标记及对比数据

语料来源	论	关于	试论	从	对	评	谈	谈谈	读	如何	篇名总数
社会科学	14 820	5 512	4 287	3 660	1 941	762	682	437	240	218	20 8062
自然科学	305	463	62	282	388	6	30	13	8	25	19 6578

从上表数据可以看出，这些典型的社会科学前置语词标记在自然科学篇名中频率非常之低。这说明，社会科学和自然科学的篇名在前置语词标记上的差别很大。基本上可以认为，篇名的语词标记处于不断演化的过程中。有些不是语词标记的词逐渐会演化成语词标记；有些已经成为语词标记的词又会不断地退化为普通词汇。为证明这一观点，在下一节将做详细论证，此处不再赘述。

2. 社会科学典型的后置篇名语词标记

通过检索篇名倒数第一个词，然后进行人工分析，得到如下排名前10的后置语词标记。为了对比方便，自然科学篇名中的后置语词标记一并检索出来，如表2-30所示。

表2-30 自然科学最典型的后置篇名语词标记及对比数据

语料来源	研究	分析	问题	探	影响	发展	探讨	关系	论	述评	篇名总数
社会科学	19 357	10 444	5 829	3 660	1 941	762	682	437	240	218	208 062
自然科学	40 979	10 772	827	374	8 739	529	1 075	755	25	80	196 578

由上表 2-30 中的数据可以看出，某些典型的后置语词标记在社会科学篇名中频率极高，在自然科学篇名中频率更高。说明它们是通用的科技论文篇名典型语词标记，如"研究、分析、影响、发展、探讨、关系"等。当然还有更多，此处不再一一详细对比。而社会科学和自然科学篇名中频率差距较大的后置篇名语词标记则是社会科学篇名的典型后置语词标记。

2.5.3　自然科学典型语词标记

1. 自然科学典型的前置语词标记

经正则表达式检索出现于自然科学篇名的第一个词，发现自然科学篇名中出现在第一个位置的高频词并不是语词标记的居多，这点和社会科学恰恰相反。

排名第一的是"基于"，如前文所述，这既是一个典型的社会科学篇名语词标记，也是非社会科学篇名语词标记，但不够典型，往往用于交叉学科篇名中。

自然科学篇名第一个词的位置词频排在第二的词是"一"，而后面和它搭配构成复合词的往往是"一种（5 319 次）、一类（519 次）、一个（413 次）"，这个词有点类似于英文的不定冠词"a(n)"的用法，表示话题引入某一新内容。因此，这个算是自然科学最常用的前置篇名语词标记的一类，暂且记为"一 X"。当然这类篇名标记的典型特征是 X 为量词，既可以是不定量词（集体量词），如"种"等；也可以是个体量词，如"个"等。基于这样的规律，用正则表达式（^一 /m\s\s[\u4e00-\u9fa5]/q）在标注过的自然科学篇名语料库中，检索出这类语词标记的总个数为 5 987，社会科学篇名语料库中仅为 367 例。多寡如此悬殊，说明这种语词标记是自然科学中比较典型的语词标记。比如，《一种新型小型化微带天线的全波分析》《一类传染病模型的分析》《一个物流配送优化算法》。

按照上述方法，进一步挖掘，可以得到其他的语词标记。但是，此法相当复杂，容易出错，实际上需要人工辨识。这正说明，自然科学的前置篇名语词标记比较复杂。下面再举例子，予以说明。

自然科学篇名中，位置排在第一位的词是动词"用"（1 902 次）。观察语料发现，这类标题的典型特征是"用……（方）法"（718 次）。比如，《用综合集成方法解决企业决策问题》《用自由空间法测试介质电磁参数》《用自洽方法计算混凝土的弹性模量》《用紫外交联法测定 C3P4 蛋白的亚基组成及分子量》。

上面这类篇章语词标记，是典型的关联语词标记。从词汇学角度来看，这类关联关系的词叫类链接。虽然有英语提取类链接的软件（如 Colligator 等），但是处理汉语类链接尚无很好的软件工具。因此，需要人工对语料进行复杂的处理和识别。经仔细观察，另外一类最常用的是比这个还要长的关联语词标记，即"用……（方）法……P(介词)……的 Vn（名动词）"。比如，《用转移矩阵法研究无序对二维光子晶体透射谱的影响》《用逐次线性化法对储存环动力学孔径的解析研究》。

这种标题在社会科学中仅仅 45 例，远远低于自然科学篇名中出现的比率，说明这种关联语词标记是典型的自然科学篇名语词标记。

2. 自然科学典型的后置语词标记

通过正则表达式（(?<=^.+)[\u4e00-\u9fa5]+/\w+(?=\s+$)）提取篇名最末尾的一个词，得到 185 520 个篇名的 3 263 个词。单从这两个数字其实可以看出，有很多词是高频出现的，因为平均每个词至少要出现 56 次。

实际上这些词绝大多数是动词和名词，而动词又多是名动词，如表 2-31 所示。

表 2-31　自然科学最典型的后置名词性篇名语词标记及对比数据

语料来源	方法	影响	算法	性能	模型	设计	技术	特性	系统	表征	篇名总数
自然科学	8 695	8 467	4 488	3 579	3 160	2 470	2 082	2 069	1 632	1 297	196 578
社会科学	1 176	2 257	33	2	639	346	100	102	191	3	208 062

通过这些后置的名词性语词标记可以看出，自然科学中最常出现的语词标记在社会科学中出现概率极低，尤以"算法、性能、表征"最具有代表性。大部分频率高低悬殊都比较大，这些词实际上都是自然科学研究的重点方面。比如，下面 3 个篇名来自自然科学，这些通常是理工科所研究的内容：《石墨烯片的制备与表征》《热型连铸单晶铜的性能》《自适应免疫遗传算法》。

只有少数词是社会科学研究的内容，所以既是自然科学又是社会科学的语词标记。比如，自然科学篇名：《异步轧制对高纯铝箔冷轧织构的影响》《异结构系统混沌同步的新方法》。而社会科学篇名，也用到这两个语词标记的如《壮语对横县平话的影响》《资产评估的期权方法》。

由上面这些这些篇名对比可以看出，名词性后置篇名语词标记往往表明文章阐述的重点。虽然自然科学和社会科学的篇名语词标记有一定的交集，但是实际研究的对象并不相同。

通过表 2-32 中数据的对比可以看出，动词性后置语词标记中，"研究、分析、探讨"等既是社会科学的篇名语词标记，也是自然科学的语词标记，尤其是"探讨"在自然科学中的频率还没有社会科学篇名中出现的频率高。

表 2-32　科技篇名最典型的后置动词性语词标记的对比数据

语料来源	研　究	分　析	应用	进展	模拟	控制	计算	实现	探讨	优化	篇名总数
自然科学	40 979	10 473	8 127	4 659	2 445	2 165	1 427	1 091	1 075	887	196 578
社会科学	19 357	10 444	975	514	37	203	22	89	2 216	84	208 062

而有些频率悬殊比较大，尤其是在社会科学篇名中比较罕见的后置动词性篇名语词标记（如"模拟""计算"等），则是典型的自然科学篇名特征词。实际上，这些词还算不上是语词标记，严格来讲它们只是研究的对象。但是，由于其在理工科篇名中高频出现，一看就知道是理工科的篇名。至少可以说，它们已经具备了篇名语词标记的初步特征，或可以称为"准语词标记"。比如，《社会主义制度下的经济计算》《综合约束 CA 城市模型：规划控制约束及城市增长模拟》。

这两个篇名都是经济学的篇名。实际上，经济学不是社会科学的典型范畴，更像是一门交叉学科，或者叫"超学科"。再看自然科学篇名中含这两个词的篇名：《特低渗透油藏非线性渗流数值模拟》《陶瓷烧结过程孔隙演化的二维相场模拟》《红外焦平面阵列非线性响应的分析和计算》《氦原子单激发和双激发态里德伯系列的相对论能量计算》。

由上述例子可以看出，篇名的语词标记也是相互渗透的。不同学科、不同领域的篇名没有绝对的界限。范畴化是人们认知事物过程中，根据事物的共性与个性来进行的一种判断。范畴之间没有绝对的界限，篇名也是一样，篇名语词标记也并非和某种语体、语域有着必然的联系。

综上所述，语体不同，其篇章语词标记也不同。也就是说，篇名的篇章语词标记有语体的选择性。同时，科技语体内部由于语体的分化，自然科学和社会科学在篇名语词标记上也体现出选择性。再细分，不同的学科（领域）都有不同的研究内容，其语词标记也不相同。

语词标记的分化与学科的自然属性有关。比如，文学语体由于本身不是严肃研究，因此有"演义""戏说"等语词标记；社会科学的很多研究内容本身是模糊的，不能太过绝对，因此为了表示客观和谦虚，需要用到"管见""蠡测"等；而自然科学研究的对象通常是具体的，而且需要明确表明研究的依据和研究的对象，所以"基于""表征""性能""算法"逐渐成为其具有语词标记性质的表征。

由上述数据及分析来看，不同语体的篇名语词标记各属于不同的范畴。但是，范畴内部具有成员的相似性；同时，不同范畴的边界是模糊的。比如，自然科学语体的篇名语词和社会科学语体的篇名语词标记作为两个范畴，其实范畴的边界并不明显，有许多交集。但是，也有许多具有各自范畴特征的典型成员。比如，"……考"就是社会科学篇名语词范畴典型的、核心的成员，然而大多数的篇名语词标记不具有认知上的绝对区别性，属于各自范畴的边缘成员。

第3章 科技汉语摘要的语体特征分析

3.1 引言

论文摘要早期也叫"指要""文摘",英文为abstract。现在名称基本固定下来,正式学术论文都采用"摘要"这一术语。摘要的定义由国际标准化组织在文件ISO214-1976(E)中作了明确界定:"是指一份文献内容的浓缩和精确的表达,无须补充解释或评论。"中国国家标准《GB 644—1086文摘编写规则》中对其的定义:"以提供文献内容梗概为目的,不加评论和补充解释,简明、确切地记述文献重要内容的短文。"

摘要作为科技文本的重要组成部分,不容忽视。英语语言学界对科技文本的摘要已有广泛研究,但汉语界对其尚无系统的研究。在国内,对论文摘要翻译的研究,近年来有增长的趋势,尤其是汉译英的研究。因为英语不仅是一门重要的国际语言,而且是科技界的通用语。所以,许多国家的学术期刊都要求论文提供对应的英文摘要,以便让更多的读者了解研究的主要内容。

为了对汉语科技论文摘要的语言进行研究,笔者基于CNKI中文数据库收集了大量摘要的语料。

语料收集的方法是在CKNI数据库中,以SCI、EI、CSSCI三个分库,以年为单位(如2015—2015年)进行搜索,可以检索当年各个分库收编的论文篇数。根据CNKI查新功能,可以下载每年的6 000则论文摘要。这样可以收集到1980—2014年共35年的630 000篇论文摘要。但是,由于CNKI自动检索到的论文摘要是自动分析的,得到的论文摘要并非都很准确。因此,对收集到的630 000则论文摘要进行整理。这里笔者在EditPad Pro 6.03中使用正则表达式，对错误数据进行删除。尤其是 20 世纪 80 年代的论文多数没有摘要，而系统自动摘取文章开始部分文本作为摘要（带有标记"＜正文＞"），因此进行了删除。还有个别期刊的摘要是英文的，本研究不需要，因此也进行了删除。部分论文在 CNKI 查新系统没有分析出论文摘要，而只是以空格形式存在的，也一并被删除。经过汇总整理后，笔者对所得语料进行了抽样校对。校对过程中，对有乱码现象的摘要文本进行了整体删除。

为了便于深入研究，笔者采用中国传媒大学的分词标注系统对语料进行精确分词与赋码，并对分词标注后的语料进行了人工抽样校对。对标注的共性标注错误，笔者用正则表达式进行了批量纠正，最终建成汉语科技论文摘要语料库（Corpus of Scientific Chinese Abstract, COSCA）。研究中，有特殊需要的研究项目，笔者采用了北京理工大学的 ICTCLAS—2014 分词软件，对语料进行分词标注。ICTCLAS—2014 和中国传媒大学的分词标注标准不太相同，可以满足不同的研究需要。

最后，经统计，在 CNKI 数据库中下载得到有效论文摘要 257 958 则（原始摘要共 210 000 则），共计 57 277 636 字（不包括标点符号），34 264 412 词次。笔者最大限度地下载这些数据，目的是用如此大的数据量来保证语料的代表性、有效性。

该语料库的详细数据，如表 3-1 所示。

表 3-1　科技论文汉语摘要语料库相关数据

语料来源	年段	摘要篇数	字数（不含非汉字字符）	词次（不含非汉语词）
CSSCI	1979—2014①	113 808	20 440 924	11 706 988
EI	1994—2014	90 389	22 435 354	13 615 022
SCI	1998—2014	53 761	14 401 358	8 942 402

① CSSCI，中文社会科学引文索引，由南京大学和香港理工大学合作研制，起始于 1998 年。但是，CNKI 数据库估计是参考了 CSSCI 的目录，1979—1997 年间的论文检索也可以检索出 CSSCI 期刊论文。为了尽可能地体现论文摘要的全貌，该语料库也收录了 1979—1997 年间的社会科学论文摘要。

语料来源	年段	摘要篇数	字数（不含非汉字字符）	词次（不含非汉语词）
合计	——	257 958	57 277 636	34 264 412

上述数据是进行整理后得到的统计数据。整理过程中，由于删除了自动文摘得到英文摘要，还有部分期刊自动文摘后得到的是正文开始部分的文本（非真正的摘要）。因此，该语料库得到的摘要实际篇数低于 6 000N（N 表示年数）。

3.2　科技论文摘要语言的语音特征

语体的语音体素不仅包括平仄、押韵、双声、叠韵、叠音、节律等，还包括重读、节奏、语调等。但是，目前的语料库标注技术尚未达到可以对韵律的平仄、押韵等进行自动标注的水平，因而也无法对其进行定量的分析。

不过，某些音韵方面的特征可以通过形态特征进行分析，如四字格和叠音等。前文对科技文本篇名的语音特征进行分析时，笔者根据观察，区别了科技语体篇名和其他语体篇名在音韵上的部分特征。这里，对论文摘要的韵律特征进行分析，同样是先经过人工观察来发现摘要语言中有无音韵上的特点，然后通过检索数据来验证笔者对论文摘要韵律特点的判断是否正确。

有不少学者认为同韵呼应、平仄调配等语音风格手段对专门科技语体是封闭的。类似地，科技论文摘要的语言和科技论文篇名的语言，同属于科技语体的一部分。所以，它们有着一些共同特征，都很少讲究韵律。但相对于篇名而言，摘要的语言更加接近于自然语言。经笔者仔细对语料观察，并没有发现太多特别具有区别性的韵律特征。不过，笔者发现摘要的语言更加正式、庄重、严密，缺乏生动、明快、形象的语言色彩，很少有"违和"的现象出现。下文以四字格、叠音等为切入点，通过对比分析这些音韵手段来比较摘要语言和科技论文正文语言的区别，从而突出摘要语言的语体特征。

3.2.1　节律

节律是指语言的节奏和音律。四字格是一种音节配合的语音手段，通常是在句子中多次使用四字成语、四字熟语等，从而形成的一种庄重的语言风格。四字格在音韵上给读者带来强烈的节奏感，读着郎朗上口，看着赏心悦目，具有很强的美学效果。然而，在科技论文摘要的语言中，四字格是否常用？下文将针对这个问题，对比分析摘要和科技论文正文中四字格出现的频率。

汉语中常以四字整体出现的是四字成语和四字熟语，而这两个变量在论文所用到的语料库中都实现了标注。但是，实际情况是单独使用的四字熟语节律不强，只有连续出现 2 个或者 2 个以上的四字成语或习语，才能体现出较强的节律性。据此，结合分词标注码（参看附录 1）以正则表达式"(([\u4e00-\u9fa5]{4}/(l|i)[a-z]{1,2}（，|、))/w）{2,}"来检索连续个次以上的四字熟语或成语出现的频率；并用四字格的频数除以语料的规模，得到对应的四字格密度。检索到的数据如表 3-2 所示。

表 3-2　连续四字格的频率比较数据

语料来源	语料规模（汉字数）	四字格频数	四字格密度
社会科学摘要	20 434 853	62	$3.03e^{-6}$
社会科学文本	19 621 458	366	$1.87e^{-5}$
自科摘要摘要	36 772 735	41	$1.11e^{-6}$
自然科学文本	15 916 534	186	$1.17e^{-5}$

通过表中数据，可以看出：

（1）自然科学摘要中的四字格密度比社会科学摘要中的四字格密度更低。

（2）自然科学摘要中的四字格密度比自然科学文本中的四字格密度更低。

（3）社会科学摘要中的四字格密度比社会科学文本中的四字格密度更低。

（4）自然科学文本中的四字格密度比社会科学文本中的四字格密度更低。

综合这四条比较的结论，说明摘要语言不注重四字格的运用，注重的是语言简洁性和效率性。上表中的数字极小，甚至可以忽略。这种体现在概率上的结果表明，摘要语言是一种注重实用性、准确性的语体，在节律方面几乎不考虑四字格的运用。

同时，从结论（1）来看，自然科学摘要和社会科学摘要作为摘要这一范畴的两种成员，没有绝对的区别。换言之，两组范畴成员的边界是模糊的。但是，从摘要的整体上来看，自然科学摘要是摘要中的核心成员，而社会科学摘要是摘要的边缘成员。

　　当然，科技论文摘要的语言都是科技语体中的语言，在节律上具有科技语体的共性。如果要进一步研究科技语体与其他语体在节律上的区别，就还须对比文学语体、政论语体等的节律特点。

3.2.2　叠音

　　叠音，又叫重 (chóng) 音、叠字、复叠等。从词汇形态学的角度，一般将其称为词语的重叠式或重叠词。从语音的角度，一般称之为叠音。中国传媒大学的分词标注系统对各种重叠词都进行了标注，标注码如附录 1 所示。这给检索各种叠音提供了很大方便。在 PowerGREP 软件中利用正则表达式，笔者检索统计了论文摘要、科技文本中的重叠词，得到下文中的数据。重叠式主要在5 类词中常出现，依次是动词、形容词、数词、量词和副词。每种词的重叠类型不同，总计约有 17 种。下文按照不同词性来对比分析重叠式的频率。

　　1. 动词重叠式

　　动词重叠式主要有 7 种，如表 3-3 所示。

表 3-3　科技论文摘要中的动词重叠式词频统计表

重叠类型	标　记	例　词	自然科学摘要		社会科学摘要	
			形符	类符	形符	类符
动词重叠式（1）	vv	看看、研究研究	2 042	163	603	109
动词重叠式（2）	vyv	看一看、放一放	1	1	27	8
动词重叠式（3）	vlv	看了看、研究了研究	1	1	1	1
动词重叠式（4）	vlyv	看了一看、研究了一研究	0	0	1	1
动词重叠式（5）	vbv	写不写、喜欢不喜欢	13	2	136	4
动词重叠式（6）	vmv	写没写、讨论没讨论	0	0	0	0
动词重叠式（7）	vvo	跑跑步、洗洗澡	1	1	0	0

　　从上表中的数据可以看出，除动词的第一类重叠动词外，其他动词重叠式都用得很少。但经笔者对该类动词重叠式检索结果在语境中观察，发现有相当部分是标注错误的，因此实际使用频率远远低于这个数字。理工科技摘要中的

很多重叠式动词标注错误率较高，仅供参考。

动词的重叠式一般表示动量、时量和尝试等意义。其实，重叠式一般地都比较口语化，读起来琅琅上口，活泼明快，可以缓和气氛，还能舒缓语气；有些特定的动词重叠式用于特定的语气中，如动词重叠式（2）常用于祈使语气，如动词重叠式（5）和（6）专用于疑问语气。通过上述检索结果发现，摘要中的动词重叠式非常罕见，语气非常单调、沉闷。

为了对比摘要中的语言和科技文本正文部分的语言区别，我们将两者对应的动词重叠式数据进行统计，得到表3-4的数据。

因为重叠式出现的概率比较低，计算数字并无太大意义，从这些原始的数据基本可以说明问题。通过上表中数据的对比可以得出如下结论：

（1）动词重叠式在摘要语言中使用的概率非常之低。

（2）摘要语言和科技文本正文的语言在动词重叠式上表现出类似特征，只有vv、vyv、vbv型的动词重叠式偶尔出现，其他重叠式要么不出现，要么非常罕见。

（3）自然科学摘要和社会科学摘要在动词重叠式方面表现并不一致。尤其是vyv、vbv等结构出现的概率略高。

总之，摘要语言显得比科技文本正文语言更加庄重，对动词重叠式的使用较为审慎。自然科学摘要尤其表现得比较排斥动词重叠式。

表3-4　摘要和论文正文中的动词重叠式词频数据表

重叠类型	自然科学摘要		社会科学摘要		自然科学正文		社会科学正文	
	形符	类符	形符	类符	形符	类符	形符	类符
动词重叠式（1）	2 042	163	603	109	645	163	662	173
动词重叠式（2）	1	1	27	8	77	25	151	31
动词重叠式（3）	1	1	1	1	2	2	6	6
动词重叠式（4）	0	0	1	1	1	1	0	0
动词重叠式（5）	13	2	136	4	186	3	606	4
动词重叠式（6）	0	0	0	0	0	0	0	0
动词重叠式（7）	1	1	0	0	7	5	5	4

2. 形容词重叠式

形容词重叠式主要有 4 种类型，检索到的数据如表 3-5 所示。

表 3-5　科技论文汉语摘要中的形容词重叠式词频数据表

重叠类型	标记	例词	自然科学摘要		社会科学摘要	
			形符	类符	形符	类符
形容词重叠式（1）	aa	白白（的）、干干净净、清清楚楚	31	8	85	21
形容词重叠式（2）	aba	白不白、好不好、干净不干净、	0	0	2	1
形容词重叠式（3）	ala	马里马虎、古里古怪、土里土气	0	0	0	0
状态词重叠式（4）	Zz	碧绿碧绿、干瘦干瘦、冰冷冰冷	0	0	1	1

从表 3-5 中数据可以看出：

①只有形容词重叠式（1）出现于摘要语言中的概率相对稍高，其他形式的重叠式极少出现于摘要语言中。②社会科学摘要中的动词重叠式从类符上多于自然科学摘要。

这说明，摘要语言中，形容词的重叠式也较少使用，或者说不讲究音韵上的美感，或者不通过节律来表达所要表达的内容，而主要通过词汇的意义和语法来实现表达的需要，同时使摘要的语言显得更加庄重、严谨。

为了分析摘要语言和科技文本正文的语言在形容词重叠式上的差异，笔者将两者的数据列表如下（表 3-6）。

表 3-6　摘要与正文中的形容词重叠式对比数据表

重叠类型	自然科学摘要		社会科学摘要		自然科学正文		社会科学正文	
	形符	类符	形符	类符	形符	类符	形符	类符
形容词重叠式（1）	31	8	85	21	248	30	518	55
形容词重叠式（2）	0	0	2	1	12	1	24	1

重叠类型	自然科学摘要		社会科学摘要		自然科学正文		社会科学正文	
	形符	类符	形符	类符	形符	类符	形符	类符
形容词重叠式（3）	0	0	0	0	0	0	0	0
状态词重叠式（4）	0	0	1	1	0	0	0	0

从表3-6中数据可以看出：

①形容词重叠式在科技文本中表现得更加多样化，aba形式的重叠式也偶有出现。②社会科学摘要和社会科学文本正文中的重叠式都较自然科学摘要和正文丰富。

总之，摘要语言和正文语言虽然类似，但是总体上比正文语言更加正式，用词更加严谨，较少使用略带口语化的形容词重叠式。

3. 数词重叠式

数词重叠式主要有2种类型，即数词重叠式和数量词（数词以外的表示数量的词，并非数词和量词的合成词，这是中国传媒大学标注系统中所用术语，特此说明）。经检索得到表3-7中的数据。

表3-7　科技论文汉语摘要中的数词重叠式词频数据表

重叠类型	标记	例词	自然科学摘要		社会科学摘要	
			形符	类符	形符	类符
数词重叠	mm	千千万万、三三两两	0	0	0	0
数量词重叠①	mmq	很多很多、许许多多	0	0	0	0

从表3-7中的数据可以看出，数词与数量词的重叠式在摘要语言中完全没有出现。数词的重叠在经典的语法著作中都没有引起充分的重视，对其语法功

---

① 这个是中国传媒大学标注码中的概念，即表示数量的词，和某些资料上的"数词＋量词"构成的数量词不同。特此说明，下同。

能没有系统地分析。王丽媛（2010:36-39）认为，数词主要有 6 种语法功能和意义，即表示逐指、不确定的逐指、表数量少、表数量多、表遍布、表凌乱或表杂乱无章。从王丽媛的分析来看，这些语法功能多数都带有不确定性，恰恰和科技语体相违和。所以，在论文摘要这种追求高度客观性与正式度的语言中，数词的重叠式几乎不出现。

　　类似地，作者也对摘要和科技文本正文中数词和数量词的重叠式进行了对比与统计，数据如表 3-08 所示。

表 3-08　摘要与正文中的数词重叠式词频对比表

重叠类型	自然科学摘要		社会科学摘要		自然科学正文		社会科学正文	
	形符	类符	形符	类符	形符	类符	形符	类符
数词重叠	0	0	0	0	0	0	0	0
数量词重叠	0	0	0	0	0	0	0	0

　　从表 3-08 中数据来看，科技语体几乎和数词及数量词的重叠式是绝缘的。如上文所述，数词及数量词的重叠式不符合科技语体追求精确、客观的倾向，所以在科技语体中不被使用。

4. 量词重叠式

量词重叠式主要有 3 种类型，经检索得到词频数据，如表 3-9 所示。

表 3-9　科技论文汉语摘要量词重叠式词频数据表

重叠类型	标　记	例　词	自然科学摘要		社会科学摘要	
			形符	类符	形符	类符
量词重叠式（1）	qq	个个、条条、次次、趟趟	316	23	938	24
量词重叠式（2）	qqy	一个个、一次次、一阵阵	32	6	90	19
量词重叠式（3）	qqm	一个一个、一次一次	11	4	8	4

　　从表 3-9 中数据可以看出，在科技论文的摘要语言中量词使用较为普遍。量词，作为实词中的一种小品词，在其他语体中使用则不如科技语体普遍。量词之所以有这种词频上的表现与量词的性质与功能有关。

首先，量词重叠式在各种语法研究的文献中都公认其表示"每""每个""每一"的意思，偶尔强调数量的多。这些意义都和科技语体本身所追求的客观、精确等宗旨不矛盾。

其次，量词重叠式具有描述和修辞的功能，往往使语言更加形象、准确，恰恰符合了科技语体在表达上的需求，所以被较多地使用。

下面，为了分析摘要语言和科技语体正文语言的区别，将摘要和科技汉语文本语料对应的数据列表如下（表3–10）。为了直观地看到各自出现的情况，将各自数据换算为概率。

表3–10　摘要与正文中量词重叠式对比数据表

重叠类型	自然科学摘要			社会科学摘要			自然科学正文			社会科学正文		
	形符	概率	类符	形符	概率	类符	形符	概率	类符	形符	概率	类符
量词重叠式（1）	316	$8.59e^{-6}$	23	938	$4.59e^{-5}$	24	670	$4.21e^{-5}$	26	1 777	$9.06e^{-5}$	31
量词重叠式（2）	32	$8.70e^{-7}$	6	90	$4.40e^{-6}$	19	169	$1.06e^{-5}$	42	497	$2.53e^{-5}$	64
量词重叠式（3）	11	$2.99e^{-7}$	4	8	$3.91e^{-7}$	4	36	$2.26e^{-7}$	17	77	$3.92e^{-6}$	25
语料规模	36 772 735 字			20 434 853 字			15 916 534 字			19 621 458 字		

从上表3–10中数据可以看出：

①量词重叠式（1）（2）（3）在自然科学摘要中的概率低于社会科学摘要。②量词重叠式（1）（2）（3）在自然科学中的概率低于社会科学。③量词重叠式（1）（2）（3）摘要中的概率低于科技文本正文。

总之，量词的重叠式可以在科技语体中出现，也比较普遍。但是总体上，各种量词的重叠式在摘要中出现的概率都低于在正文中出现的概率。出现这样的结果是由量词的性质和语法功能所决定的，也受语境等因素的制约。

5. 副词重叠式

根据中国传媒大学的分词标注系统，副词重叠式只有1种类型。实际上副词还有其他的重叠式，但由于标注没有标出，无法统计，此处暂不考虑。检索到的副词重叠式数据如表3–11所示。

表 3-11　科技论文汉语摘要中的副词重叠式词频数据表

重叠类型	标　记	例　词	自然科学摘要		社会科学摘要	
			形符	类符	形符	类符
副词重叠式	dd	非常非常、特别特别	0	0	0	0

根据上表 3-11 中的数据，副词的重叠式在论文摘要中没有出现。副词的重叠式多在口语中出现，在语法功能上起到强调的作用或者舒缓语气的作用。下面对比摘要中副词重叠式和科技文本正文中的副词的重叠式。数据如表 3-12 所示。

表 3-12　科技论文摘要与正文中副词重叠式对比数据表

重叠类型	自然科学摘要		社会科学摘要		自然科学正文		社会科学正文	
	形符	类符	形符	类符	形符	类符	形符	类符
副词重叠式	0	0	0	0	0	0	3	1

从表 3-12 的数据可以看出，副词的重叠式不仅在摘要中没有出现，而且在自然科学文本正文中也没有出现，只是在社会科学中有副词重叠式的只言片语。因此可以说，副词的重叠式在摘要这种特定的语境里是被排斥的。因为摘要的语言要求简明扼要，尽量不要辞藻的堆积；另外，副词的重叠只是一种语气上对程度的加强，在口语中常用，而在书面语中则不宜多用。

6. 小结

从上述对几种重叠式的分析可以看出，重叠式在语音上作为一种叠音现象，在论文摘要中较少使用，甚至大多数情况下都不使用。叠音在摘要中较少使用主要有 2 个原因：首先，叠音本身会导致字符的冗余，这和摘要所追求的简明扼要明显冲突；其次，叠音现象是口语语体中的一种语音上的技巧，虽然也有一定的语法功能，但是并不适用于科技语体这一较为正式的书面语体。换言之，叠音在口语、诗歌等语体中常用，但是在科技语体中不常用，不符合科技语体的功能要求。

上述数据及分析同时证明，摘要虽然也是科技语体中的一种特殊语言，但从叠音的角度来看，它要比科技文本的正文更加正式、庄重、严谨，这是两者的区别之一。

3.2.3 拟声

拟声既是一种语音手段，也是一种修辞格式。下面从音韵的角度对拟声词在论文摘要中的分布进行统计分析，以说明科技论文摘要的语言特征。中国传媒大学的分词标注系统对拟声词的标注为拟声现象的统计分析提供了方便。在PowerGREP中使用正则表达式在科技论文摘要语料库中检索拟声词，得到表3-13中的数据。

表3-13 科技论文汉语摘要中的拟声词词频数据表

重叠类型	标 记	例 词	自然科学摘要		社会科学摘要	
拟声词	o	哗啦、轰隆、叮叮当当	198	30	97	33

从上表中的数据可以看出，摘要语言中有拟声词出现。严格来讲，拟声词并非语言本身的语言韵律，但是也属于语言的语音方面的特点。从数据来看，数字较小，直接估算就可以知道，拟声词在自然科学摘要中出现的概率低于社会科学。从语料上看，自然科学使用拟声词可能跟实际表达的需要有关，而文科可能使用带有拟声词的成语较多。理工科使用拟声情况如下所述。

（1）……表现为线路附近出现类似变压器的交流嗡嗡声……

（2）……信息调制在相邻海豚嘀嗒声信号的时间间隔，采用压缩传感体制下的……

（3）……分析了上档齿轮在齿面啮合时变刚度作用下产生的呜呜噪声特性……

而社会科学摘要中出现的拟声词如下所述。

（1）……只要竖起新闻打假的大旗，呼啦啦立马就会聚集起浩浩荡荡的讨伐大军……

（2）……然而迎接苏维埃政权这个呱呱坠地的婴儿的，是威胁她生存的饥饿贫困……

（3）……他怀疑婴儿的咿呀学语声同儿童言语中的音素发展过程之间未必有任何联系……

从所列语料来看，自然科学摘要中的拟声词相当于形容词，作定语；社会科学摘要中所用的拟声词相当于副词，作状语。而且很明显，"呱呱坠地""咿呀学语"都已经成为成语。这种区别有待通过大量的语料进一步分析，此处不再赘述。

综上所述，社会科学摘要和自然科学摘要在拟声词的使用方面也是有区别的。下文还将科技文本正文中使用拟声词的数据拿来进行对比，以分析摘要语言和非摘要科技汉语在拟声词方面的使用差异。整理后的数据如表3-14所示。

表 3-14　摘要与正文中的拟声词对比数据表

项目类别	自然科学摘要		社会科学摘要		自然科学正文		社会科学正文	
拟声词	6	5	9	8	164	48	299	76
拟声词概率	$1.63e^{-7}$		$4.40e^{-7}$		$1.03e^{-5}$		$1.52e^{-5}$	

表中数据表明，摘要中拟声词的出现概率远远低于科技文本正文。摘要，作为一种对论文主要内容的概括和总结，描述性的语言较少。而拟声词则主要用于描写，所以其拟声词出现的概率远远低于正文中拟声词的出现概率。

综上各小节所述，科技论文摘要的语言是一种区别于科技语体正文的语言。它以高度的客观性、简洁性、准确性而区别于科技语体的正文。因此，科技论文摘要比科技语体正文从音韵上来看更加庄重、严谨，较少从音韵角度来实现其表达效果。

3.3　科技论文摘要语言的语词特征

如第 2 章中所介绍，语词主要指的是词汇。通常语体的词汇要素不仅包括文言词、方言词、外来词、行业语、隐语、成语、惯用语、谚语、歇后语等的使用情况，还包括书卷词、口语词、俚语、术语等。摘要语体的词汇特征，在这里主要通过对比摘要和科技文本正文的词汇特征来体现。当然，科技论文摘要中的词汇大多是科技论文正文中的词汇，也会有科技语体本身的特征。所以，其他的共性特征主要通过第 4 章中的词汇分析来体现。也就是说，这里所说的摘要的词汇特征是相对于科技文本正文的词汇特征而言的。

3.3.1 科技论文摘要中的词类分布

为了说明科技论文摘要语言的特点，笔者对其词性分布进行了统计。在进行对比过程中，笔者将词汇分实词和虚词两部分。为了清楚地分辨出科技论文摘要中词汇的特征，还要将科技论文摘要中的词汇分布与科技论文正文的词汇分布进行对比，并与通用汉语中的词汇分布进行对比，从而充分凸显出科技摘要中词汇分布的特征。

1. 科技论文摘要中的词类分布

一般地，学者将此类分为实词和虚词两大类。实词和虚词又有不同的分类，本书根据中国传媒大学的词性标注（详见附录1），对共计13类词进行了检索。检索到的数据如表3-15所示。

表3-15　科技论文摘要实词频率分布数据

词性类别	社会科学摘要			自然科学摘要		
	形符个数	形符百分比	类符个数	形符个数	形符百分比	类符个数
名词	4 113 143	39.31%	70 643	7 599 175	38.17%	45 711
动词	2 785 673	26.62%	14 533	5 728 959	28.78%	9 331
形容词	400 260	3.82%	5 388	1 021 623	5.13%	4 795
代词	295 555	2.82%	223	340 620	1.71%	157
数词	188 214	1.80%	713	332 619	1.67%	338
量词	140 546	1.34%	329	302 094	1.52%	330
副词	260 914	2.49%	1 071	475 024	2.39%	773
连词	512 377	4.90%	179	908 316	4.56%	137
介词	557 099	5.32%	141	1 075 361	5.40%	127

词性类别	社会科学摘要			自然科学摘要		
	形符个数	形符百分比	类符个数	形符个数	形符百分比	类符个数
助词	1 206 479	11.53%	42	2 122 312	10.66%	32
语气词	4 231	0.04%	34	1 670	0.01%	10
拟声词	97	0.00%	34	290	0.00%	33
叹词	70	0.00%	17	76	0.00%	14
合计	10 464 658	100%	92 900	19 908 139	100%	61 435

　　检索过程中，由于只研究汉语词汇的情况，因此对阿拉伯数字和英文及其他字符不做统计。英语和其他字符在标注过程中经常出错，所以这里没有统计，但是下文涉及的地方，将单独统计分析。汉字的统计中所用的正则表达式为[\u4e00-\u9fa5]。

　　由于论文摘要语料库社会科学和自然科学语料库规模大小不同，社会科学摘要语料规模为 8 184 305 个汉字，自然科学摘要语料库规模为 15 800 114 个汉字，因此不能直接对比形符个数。笔者将各词类形符个数所占总词数的百分比在 MS Excle 2013 中计算出来，以便对比。

　　从表 3-15 中的形符数据可以看出，自然科学摘要和社会科学摘要在词类分布方面并无太大差异，但是仍存在一些不同。从类符看，社会科学摘要无论实词还是虚词，词汇的丰富度都大于自然科学。实际上，自然课摘要的语料规模远大于社会科学，在这样的情况下，更说明社会科学摘要在一般的情况下其词汇丰富度要大于自然科学摘要。

　　为了更加清楚地对比社会科学摘要与自然科学摘要中词类形符所占百分比，笔者对表 3-15 中数据进行整理计算，得到表 3-16 中的数据。另外，为了对比自然语句中的词类分布情况，笔者将兰卡斯特平衡语料库中的词类分布情况一并计算列表。

表 3-16　科技论文摘要各类词类形符百分比及比较数据表

词性	社会科学摘要	自然科学摘要	摘要间差额	摘要语体综合	LCMC	差　额
名词	39.31%	38.17%	1.14%	38.56%	30.53%	8.03%
动词	26.62%	28.78%	−2.16%	28.03%	26.15%	1.88%
形容词	3.82%	5.13%	−1.31%	4.68%	6.38%	−1.70%
代词	2.82%	1.71%	1.11%	2.09%	7.41%	−5.32%
数词	1.80%	1.67%	0.13%	1.71%	3.91%	−2.20%
量词	1.34%	1.52%	−0.18%	1.46%	2.74%	−1.28%
副词	2.49%	2.39%	0.10%	2.42%	5.84%	−3.42%
连词	4.90%	4.56%	0.34%	4.68%	2.93%	1.75%
介词	5.32%	5.40%	−0.08%	5.37%	4.44%	0.93%
助词	11.53%	10.66%	0.87%	10.96%	8.83%	2.13%
语气词	0.04%	0.01%	0.03%	0.02%	0.75%	−0.73%
拟声词	0.00%	0.00%	0.00%	0.00%	0.04%	−0.04%
叹词	0.00%	0.00%	0.00%	0.00%	0.03%	−0.03%
合计	100%	100%	——	100%	100%	——

从表 3-16 数据观察，发现：

（1）社会科学和自然科学各类形符所占的百分比具有差异，但差额绝对值并不大。最高的为动词，其次为名词，再次为形容词，这三类在社会科学摘要和自然科学摘要中的差距都大于 1.1%；其他类别差异较小，都低于 1%。

（2）相对而言，社会科学摘要更多地运用了名词、代词；使用的副词和数词也较多，但是差距较小。这里的数词指的是用汉字表示的数词，不包括阿拉伯数字和罗马数字等，数词下文将单独另行统计，此处不再赘述。

（3）对比数据，发现自然科学摘要中则更多地运用了动词、形容词；量词用得也比较多，但是差额绝对值比较小。

（4）将摘要语体中的词类分布综合数据和兰卡斯特平衡汉语语料库中的数据相比，从得到的结果可以看出，摘要中名词、助词、动词、连词、介词等的比例增加；代词、副词、数词、形容词、量词的比例有所降低。

上面数据大致说明，摘要语体是不同于书面语自然语句的一种特殊言语。其特点在词类上有所体现。下文将对每种词类变化情况进行详细分析，这里不再深入分析。

2. 科技论文摘要中的实词密度

为了进一步比较摘要中实词的特点，我们将摘要中实词形符的分布和科技论文中实词形符的分布进行对比。对比的变量为词汇密度。

词汇密度较早地被应用在英语语言学的研究中，但是国内汉语学界对词汇密度的研究较少。Jean Ure（1969）等较早地对英语中的词汇密度（lexical density）进行了研究，基本结论是在英语中，语体越正式，词汇密度就越高；反之，词汇密度越低，则语体越不正式。Jean. Ure 所说的词汇密度实际指的是词项与篇章单词总量之比。后来，韩礼德（1989）、杨信彰（1995）等也曾研究词汇密度，所得的结论大都类似。但是，杨信彰（1995）所说的词汇密度是指实词形符总数和词汇总数的比值，确切地说，就是实词的词汇概率。国内文献对词汇密度的研究多都是对英语词汇密度的研究，较少开展汉语词汇密度的研究。国外学者对词汇密度的研究已经扩展到作者身份确认等领域，并已经朝着程序化、自动化的方向发展。

本书试图用词汇密度对比分析不同语体的区别。下文先分析对比论文摘要和科技文本正文词汇密度间的差别。对比的目的是说明科技论文摘要是不同于科技语体正文的一种特殊言语，具有自己在语词方面的语体特征。

这里所谓的"实词密度"，即实词总数（形符）和语料总词数（形符）之间的比值。一般情况下，可以将实词密度的值换算为百分比，以便比对。为了对比论文摘要中实词密度和科技语体总体实词密度，笔者将有关数据检索换算后，得到表 3-17 中的数据。

表 3-17　科技语体实词密度对比数据表

项目类别 语料来源	汉字实词总数	非汉字字符[①]	实词总数	虚词总数	总词数	实词密度
自然科学摘要	15 800 114	917 074	16 717 188	4 108 772	20 825 960	80.27%
社会科学摘要	8 184 305	48 551	8 232 856	2 280 353	10 513 209	78.31%
自然科学文本	6 724 623	680 780	7 405 403	1 667 238	9 072 641	81.62%
社会科学文本	7 780 339	70 849	7 851 188	2 218 754	10 069 942	77.97%

观察表 3-17 中数据及计算结果，可以做出如下判断。

（1）自然科学摘要的实词密度大于社会科学摘要的实词密度。

（2）自然科学正文的实词密度大于社会科学正文的实词密度。

（3）自然科学摘要的实词密度低于自然科学正文的实词密度。

（4）社会科学摘要的实词密度高于社会科学正文的实词密度。

如果将自然科学和社会科学合并计算，摘要的实词密度为 79.61%；如果将自然科技文本与自然科技文本合并计算，则其实词密度为 79.7%。也就是说，综合计算，正文语料的实词密度反而低于摘要的实词密度。

在字数相等的条件下，实词密度越高则文本的信息量越大。社会科学摘要的实词密度高于社会科学正文的实词密度，说明社会科学摘要所含的信息量大于社会科学正文的信息量。同样，自然科学文本的实词密度高于社会科学文本的实词密度，说明自然科学语言的信息量高于社会科学。但是，自然科学摘要的实词密度却低于自然科学文本，这个结果有点不太合乎常理，其中的缘由还有待进一步考察。

综上所述，摘要的实词密度和科技文本的实词密度之间关系比较复杂。但一般的自然科学语言的实词密度都明显高于社会科学文本的实词密度，也就是说自然科学语言要比社会科学文本更加正式、庄严。

---

① 在科技语体，尤其是自然科学语体中，为了表示特殊的意义，经常用到非汉字字符，包括各种字母、阿拉伯数字、运算符号。这些非汉字字符从本质上看应该算作实词，为了更加准确的计算，这里一并统计了非汉字字符。分词标注系统对这类字符往往派别为"/x"，即不明字符。因此，笔者用正则表达式"[^\u4e00-\u9fa5^\s]+/x"将其一并统计。

有关科技语体的实词密度和其他语体的实词密度，本书将在第四章相关章节予以对比。

3. 科技论文摘要中虚词的分布特征

虚词本身多为封闭词类，且词汇类符数量有限，所以无论计算虚词词长，还是计算虚词密度都没有太大的意义。但是，虚词在句法中各有特殊的功能，虚词的变化在一定程度上反映了句子类型的变化。为了比较科技论文摘要和科技论文正文中虚词使用的区别，作者通过 PowerGREP 软件，用正则表达式检索并统计了各种虚词在科技论文摘要中的分布，并对自然科学摘要和社会科学摘要分别统计，以便对比。具体虚词数据如表 3-18 所示。

表 3-18　科技论文汉语摘要虚词分布数据表

词类	社会科学摘要				自然科学摘要			
	形符（百分比）		类符（百分比）		形符（百分比）		类符（百分比）	
	摘要	正文	摘要	正文	摘要	正文	摘要	正文
连词	512 377	22.47%	179	40.04%	908 316	22.11%	137	37.43%
介词	557 099	24.43%	141	31.54%	1 075 361	26.18%	127	34.70%
助词	1 206 479	52.91%	42	9.40%	2 122 312	51.66%	32	8.74%
语气词	4 231	0.19%	34	7.61%	1 670	0.04%	10	6.28%
拟声词	97	0.00%	34	7.61%	290	0.01%	33	9.02%
叹词	70	0.00%	17	3.80%	76	0.00%	14	3.83%
合计	2 280 353	100%	447	100%	4 108 025	100%	353	100%

由表 3-18 可以看出，两个语料库的规模并不相同，因此虚词形符的数据不能进行直接对比。若要对比，只能依据百分比进行。从表 3-18 中社会科学摘要和自然科学摘要的虚词形符对应的数据看，形符分布并无太大差异，若按比例高低排列顺序完全一致，依次为助词、介词、连词、语气词、拟声词、叹词。这说明在科技论文摘要的语言中，社会科学摘要和自然科学摘要在虚词上基本一致。

仔细对比，我们发现在科技论文摘要中存在着少量的拟声词，并且特殊之处在于自然科学摘要中拟声词比例竟然高于社会科学（0.01%>0.00%），但在类符上非常接近。按照常理，自然科学摘要中不应该有这么多的拟声词。为了探寻究竟，我们用 PowerGREP 软件对拟声词进行检索。检索所用正则表达式为 "\s[\u4e00-\u9fa5]+/o"。检索结果表明，词性标注错误导致了上表中的结果。比如，最高频的拟声词为"哒"，出现次数高达84次，但绝大多数与"嗪"同时出现，根据语境判断，这并非拟声词，而是化学学科上常用的一种化学专有名词"哒嗪"。中国传媒大学的标注系统准确率高达99%以上，但是在少数罕见语言领域仍然无法避免错误。鉴于人工校对费时费力，这些错误标注信息无法一一纠正。但是，检索结果证明，自然科学摘要中其实并无更多使用拟声词的特征。

从差异的显著程度看，语气词形符的差异比较显著。社会科学中，语气词的比例为0.19%，自然科学中语气词比例为0.04%，前者是后者的4.75倍，这种差异程度远远大于其他虚词。从类符上我们也看出社会科学摘要中使用的语气词为34种，而自然科学摘要中只使用了10种，相差24种。为了更加清楚地观察与分析语气词在摘要中的分布情况，作者检索了摘要中详细的语气词分布数据，详细数据见附录9。

从附录9中的数据可以看出，其实自然科学中的语气词，无论形符还是类符都非常之少。比如，合成语气词只有3个，"来着、罢了、而已"各自都只出现了一次。出现频率最高的当属表示时态的语气词，如"了"出现了1 610次，占比达97%以上，再加上出现1次为"来着"以及"呢"，表示时态的语气词高达98%左右；其他语气词仅仅占2%左右。实际上，经检索发现，少数语气词是标注错误所致，并非真正的语气词。因此，自然科学摘要的最大特点是较少使用表示疑问、祈使、态度、感情的语气词。这同时说明在自然科学论文摘要中，绝大多数情况下都是使用语气严肃、态度严谨的陈述句，这正是自然科学摘要的语体特点之一。

相对而言，在社会科学摘要中，语气词的种类和密度都高于自然科学摘要。这说明社会科学的语言相对更加自由、散漫一些，具体表现为类符多、形符的密度也高。类符中不仅有现代汉语常用的语气词，更有一些文言文中才出现的语气词，如"乎、矣、耶、焉、哉"等，这些文言虚词间或出现于现代汉语中，其功能是实现修辞上的美学效果，往往使语言更加文雅，也在一定程度上使语言更加简洁，字数更少。

但是，这些语气词只出现于社会科学摘要中，自然科学摘要中几乎没有。事实再次证明，社会科学语言处于通用语言和科技语言的过渡区间，并非科技语言的最典型的范畴，自然科学语言才是科技语言的典型范畴。当然，自然科学语言和社会科学语言之间并无绝对的界限，这种范畴边界的模糊性在科技论文摘要中可见一斑。

为了进一步凸显科技论文摘要语言中虚词的分布特征，下面我们对比科技论文摘要和科技语体文本（正文）的虚词分布数据，如表 3-19 所示。

表 3-19　摘要与正文文本中虚词分布对比表

项目 类别 词类	自然科学各词类形符百分比				社会科学各词类形符百分比			
	摘要	正文	类符（百分比）		形符（百分比）		类符（百分比）	
连词	22.11%	23.90%	37.43%	42.04%	22.47%	22.91%	40.04%	43.03%
介词	26.17%	25.37%	34.70%	27.60%	24.43%	22.44%	31.54%	23.87%
助词	51.65%	50.38%	8.74%	7.43%	52.91%	53.74%	9.40%	6.79%
语气词	0.04%	0.33%	6.28%	7.43%	0.19%	0.89%	7.61%	6.62%
拟声词	0.01%	0.01%	9.02%	10.40%	0.00%	0.01%	7.61%	13.59%
叹词	0.00%	0.01%	3.83%	5.10%	0.00%	0.01%	3.80%	6.10%
合计	100%	100%	100%	100%	100%	100%	100%	100%
类别	摘要	正文	摘要	正文	摘要	正文	摘要	正文

根据表中数据，从总体上看社会科学摘要中的虚词分布和自然科学文本（正文）的虚词分布的差异不显著。但是，若从形符看，自然科学中语气词的比例明显提高，自然科学中提高的幅度为 725%，社会科学中提高了 368%。这说明，摘要文本中极少使用语气词；而自然科学论文的正文中，相对而言则较多使用了语气词。语气词的多寡是论文摘要言语区别于科技文本正文的重要特征之一。

依据类似的算法，可以算出变化比较大的还有叹词。由于叹词在摘要文本中几乎没有出现，数字太小，近乎为 0，而在科技文本正文中含量较高为 0.01%。所以，我们无法根据上表中的数据进行计算，需要追溯到原始数据，再进行推算。但这至少说明，叹词的比例有明显上升。其他词类虽有变化，但是总体上变化的倍数似乎并不大，所以体现不出太大差异。

因此，我们可以得出如下结论。科技论文摘要的语言和科技文本正文的语言最大的差异体现在语气词和叹词的使用上，科技论文正文相对于摘要使用了更多的语气词和叹词。语气词和叹词都可用于抒发说话人的情绪，表达强烈的感情。而科技论文尤其强调文本的客观性，所以几乎不使用叹词和语气词。这正是这一差异的根本原因。同时，若从正式程度的角度看，摘要的正式程度明显高于科技文本正文。

有些语气词不仅可以表示语气，还可以表示时态，如"了"有时相当于动词后缀。所以，在科技论文摘要这一正式程度较高，强调客观性的语体中出现语气词也是客观上表达内容所必需的。

总之，从虚词的分布上看，论文摘要的语言在社会科学和自然科学上基本分布一致，但少数词类有所不同，如语气词和叹词。这两种词的频率不仅体现了自然科学摘要和社会科学摘要的区别，也体现了摘要语言和正文语言的差异。

3.3.2 摘要中词汇的词长分布特征

前文对比过篇名中词长和普通科技文本中词长，这里同样用对比的方法验证摘要中的词长是否也与正文中的词长存在差距，以从数据上说明摘要也是高度简洁的语言。同时，词长可以说明一种语体在词汇方面的特征。英语中的正式语体常用大词以显示书面化或者高典雅程度，实际上大词就是比较长的词。这里统计词长，也是为了证明汉语科技论文摘要中是否存在这一现象。

词长 L 用总字数 N 除以总词数 n 表示。根据上表中的数据，可以计算词长。具体数据如表 3-20 所示。

表 3-20　摘要与正文中平均词长数据列表

语料来源	汉字总字数	汉语总词数	汉语词平均词长
社会科学摘要	20 440 968	11 790 957	1.73
社会科学文本	19 631 511	11 274 074	1.74
自然科学摘要	36 779 421	22 598 660	1.63
自然科学文本	15 946 099	9 410 981	1.69

这组数据说明社会科学类的平均汉语词长（L=1.73）较长，但都低于 2 个汉字。首先，这和虚词计算在内有关，虚词多为单音节词；其次，词长与分词标注的颗粒度大小有关，颗粒度大则普遍分得比较粗，有些词就不再拆分为语素；颗粒度小则要再进行细分，从而使词长值较小。但是，在同一个分词标准下，

語料的詞長對比還是能說明問題的。

表中數據表明，摘要的平均詞長都低於對應語體的普通文本中的平均詞長。因此，可以認為摘要作為一種高度概括的語言，應避免使用長詞，而應盡量使用比較簡潔的詞。這與摘要的語體特徵要求和期刊對摘要字數的限制有關。

為了說明詞長的具體分布情況，下面統計了不同詞長的漢語詞匯詞頻分布情況（正則表達式為（(?<=\s)[\u4e00-\u9fa5]{n}(?=/)，n 為正整數），如表 3-21 所示。

表 3-21　科技論文摘要中不同詞長的詞匯詞頻數據表

語料來源	1字詞	2字詞	3字詞	4字詞	5字詞	6字詞	7字詞	8字詞	9字詞	10字詞	10字以上
社會科學摘要	3 946 838	7 180 854	493 194	14 023	14 028	6 236	3 003	1 761	1 167	643	1 210
自然科學摘要	9 609 965	11 863 704	950 418	151 359	13 587	1 847	1 896	1 032	769	484	805

由於總字數不同，因此需要根據表中的數據將其轉化為百分比，才能比較明顯地看出社會科學摘要和自然科學摘要各自詞長的分布態勢。經換算得到不同詞長的詞概率分布表，如表 3-22 所示。

表 3-22　科技論文摘要詞長分布概率數據表

語料來源	1字詞	2字詞	3字詞	4字詞	5字詞	6字詞	7字詞	8字詞	9字詞	10字詞	10字以上
自然科學摘要	42.53%	52.50%	4.21%	0.67%	0.06%	0.01%	0.01%	0.00%	0.00%	0.00%	0.00%
社會科學摘要	33.84%	61.57%	4.23%	0.12%	0.12%	0.05%	0.03%	0.02%	0.01%	0.01%	0.01%

由上表中的數據可以看出，社會科學摘要中，單字詞約占總詞數的 34%；雙字詞約占 62%。而在自然科學摘要中單字詞占比近 43%，而雙字詞約占

52%。这说明自然科学摘要中单字词比例更高，也就是说在有限的字数内为了表达更多的内容，自然科学摘要选择使用了较多的单字词；而社会科学则更随意些，双字词的比例更高于单字词。

若要更加清楚地看出科技论文摘要在词长方面的特点，还需要和科技语体正文部分的词长进行对比。下文将检索到的数据列表如下，以便对比（表3-23）。

表 3-23　科技论文摘要和正文词长对比数据表

语料来源	1字词	2字词	3字词	4字词	5字以上	平均词长
自然科学摘要	42.53%	52.50%	4.21%	0.67%	0.08%	1.73
社会科学摘要	33.84%	61.57%	4.23%	0.12%	0.25%	1.74
自然科学正文	40.16%	54.17%	4.19%	1.22%	0.27%	1.69
社会科学正文	39.84%	53.42%	4.02%	2.25%	0.47%	1.74

从上表数据中可以看出以下几点。

（1）自然科学摘要的平均词长比自然科学正文平均词长要长些（1.73>1.69）。但是，自然科学摘要单字词的比例却高于正文(42.53%>40.16%)。这在一定程度上进一步表明，在摘要中的确存在受篇幅所限而多用单字词的可能。

（2）社会科学摘要的平均词长和社会科学正文平均词长基本一致，大约都是1.74；但自然科学摘要单字词的比例反而低于正文（33.84%<39.84%）。但是，社会科学摘要最典型的特征是双字词占的比例最高，为61.57%。

从总体上看，社会科学摘要和自然科学摘要的语言在词长或词长的分布上都存在差异。因此，摘要的语言和正文的语言从根本上说，虽然都是科技汉语，但是各有不同的特征，存在着语体上的差异。

3.3.3　摘要中各词类词汇的语体特征

通常只在某篇文章里高频出现的词汇是该篇文章的关键词。某一类文章里共同出现的高频词就可以体现出这类文章的语体特征。正如前文所述，在篇名中高频出现的词汇通常就是篇名的语词标记。那么，在摘要中高频出现的词汇在一定程度上代表了摘要的用词特点。不少学者认为词汇的语体差异主要体现在同义词汇在不同语体中的使用频率。但是，笔者认为在某种语体中高频出现，而在另一种语体中较少出现的非同义词汇也应该是这种语体的词汇特征之一。由于虚词往往具有特定的语篇和句法功能，因此有些虚词放在语音、语句和语篇部分进行分析了。这里重点对实词和虚词中的介词和连词进行语体功能的分析。下文根据不同的词性分析它们在摘要中和科技语体正文中的差异，主要目的在于揭示科技论文摘要的语词特征。

1. 摘要中的名词特征

语体学视角下的名词一直是倍受关注的研究对象。在期刊论文中，语体视角下的名词研究主要涉及四个语种，即俄语、英语、德语和汉语；所用的角度包括名词概率、翻译、名词化、语言习得、篇章功能等。

俄语语体研究开始较早，张旭箴较早地介绍了俄语科技语体中名词的概率情况，认为在俄语的科技语体中名词的概率较高；高丽英则对俄语科学语体中名词词层特点及发展趋势进行了分析，认为俄语在科学语体中的变化比较灵活，特别显示了科学语体的抽象性、客观性、准确性的特征；崔升阳分析了俄语科技语体中动名词组的特点，认为科技语体的动词谓语句中大量使用动名词组；贾瑞则从俄语科技语体中动名词的翻译层面进行了分析。俄语科技语体的研究在国内起步较早，研究视角多样化。

国内的英语语体研究多从名词化角度开展。王志芳（2002）从功能主义的角度考察了名词化现象对语体正式程度的影响；杨信彰（2006）基于小型语料库进行分析，得出语体越正式，名词化程度越高的结论；王志文、丘秀英（2008）通过语料分析，认为名词化是口语体和书面语体的重要差异之一。陈子娟、耿敬北（2009）通过对法律英语中名词化现象的分析得出结论，认为名词化将"过程""属性""情态"等转变为"事物"，使法律英语客观、凝重和威严；蒋艳（2012）综合分析了名词化在科技、经贸、法律、新闻和文学五种不同语体中的作用；江名国（2012）则从篇章的角度分析了名词化在英语新闻语体中的作用。名物化最早是由黎锦熙（1924）提出来的，黎锦熙认为主语、宾语位置上的形容词是当名词用的。1954年张志公主持编写的《暂定汉语教学法系统简论》中将其称之为"名物化"。黎锦熙和刘世儒（1960）认为那是一种由形容词和动词转成名词的现象，而史振晔（1960）则将其直接称为"名词化"。对名物化，朱德熙（1961）也曾经做过深入分析。总之，国内先贤早于韩礼德（1975）开始关注语言中的名词化现象。虽然在英语学界韩礼德并不是第一个提出名词化概念的人，但是韩礼德将人们对名词化的认识深化到了语法隐喻的水平，这的确是一个重大的进步。少数文献认为韩礼德是第一个关注到名词化现象的人，这一观点确有不妥之处。

赵秀凤分别从语言习得的母语语言迁移和写作中的语言输出来分析中国学生存在的名词词组问题，发现中国学生在写作中不能有效使用地道的名词词组，导致语体风格趋于口语化。该研究从侧面说明书面语体和口语语体在名词词组上存在较大差异，同时说明英汉名词结构本身存在一定结构性差异。熊艳（2010）介绍了德语中名词化的语体差异，指出名词化在德语教与学中应该引起注意。实际上，只有庞丽莉（2007）从语体视角分析了汉语中的名词回指。

综上所述，名词和名词化在语体中的功能主要以概率形式体现出来，越是正式的语体其名词（包括名词化）成分越高。名词性词组的结构差异也在数量上有所体现，这也应该成为语体研究的一个方面。但是，目前对汉语中名词、名词化、名词词组的研究较少。下文从概率的角度，对名词的某些方面特征进行分析。

首先，高频名词本身就是语体的特征之一。名词为数众多，不能一一分析。所以，这里挑选最高频的部分普通名词进行案例分析。

这里的普通名词指除了标题名词以外的名词中，标注为"/n"的名词，即除了人名、地名、时间名词等以外的普通名词。

笔者用正则表达式"(?<=\s)[\u4e00-\u9fa5]+/(n|f|nr|ns|nt|nq|nz|t|s|jn|in|ln|Ng)"检索了所有的名词。共检索到 3 484 910 个名词形符，40 882 个名词类符。由于数据太大，不便观察，下面对频次最高的 10 个普通名词进行对比（表3-24）。

表3-24　摘要和科技语体正文中的高频名词

语料来源	1	2	3	4	5	6	7	8	9	10
自然科学摘要	方法	模型	结果	算法	过程	问题	时	影响	理论	条件
社会科学摘要	社会	我国	经济	问题	理论	关系	企业	制度	文化	基础
自然科学文本	图	时	方法	模型	结果	数据	时间	过程	表	问题
社会科学文本	经济	企业	国家	社会	市场	政府	政策	问题	知识	人

从表中数据可以看出，在摘要中，自然科学和社会科学位居前 10 的普通名词，有部分是相同的，如"问题""理论"。其中，"问题"不仅出现在摘要的前 10 个普通名词表中，也是自然科学与社会科学语体的正文中最常出现的词。这就说明"问题"在科技论文摘要和科技语体正文中都是最为关注的重点内容。"问题"引发研究，研究问题并解决问题，这既是科技研究的特点，也是科技语体中名词所体现出来的特点。高频词本身就是语体的特点之一，正如现代的"淘宝体"中常用"亲"这个称谓一样。"理论"只在摘要的前 10 名单中，却不在科技语体正文的前 10 名单中。这说明摘要非常重视科研中采用了什么指导理论。

社会科学摘要和自然科学摘要最常出现的 10 个名词中，有 8 个是不同的，这也反映了社会科学和自然科学所关注的焦点不同。自然科学摘要关注的焦点是"方法""模型""结果"，而社会科学关注的焦点是"我国""社会""经济"。这些词也出现在对应的科技语体的正文中，充分说明社会科学和自然科学因研究对象的不同而表现出语言的差异。语言是思维的工具，是思想的外现。正因如此，高频名词最能代表人们关注的焦点。这也正是现在舆情监控系统利用对高频名词的统计判断社会舆论焦点的依据之一。

同时，研究对象不同，所用名词也不同，体现在语体上就表现为用词上的差异。因此，高频名词是语体的重要特征之一。以往的语体研究多重视同义词语在不同语体中的表现，事实上，不同语体中最常出现的词汇也应该是该语体的特征之一。事实上，在科技语域，名词往往代表研究的对象，研究对象的不同也会导致所用词汇的不同。这既是语域理论研究的内容，也是语域和语体交叉的领域。

通过对比自然科学摘要和自然科学文本正文中的高频名词，我们发现自然科学文本正文中词频的前 10 中的"图"和"表"两个词在摘要中不仅不在前 10 名，而且很少被使用。具体数据如表 3-25 所示。

表 3-25　"图"和"表"两词词频和概率的对比数据

语料来源	"图"的词频和概率		"表"的词频和概率		总词数
自然科学摘要	954	$4.3e^{-4}$	230	$1.0e^{-4}$	2 196 522
自然科学正文	22 750	$2.1e^{-3}$	13 619	$1.3e^{-3}$	10 426 739

通过表 3-25 中的数据，我们发现在自然科学正文中，"图"和"表"的

概率比摘要中的概率高得多。造成这种差异的原因很明显，摘要中没有图、表，而科技文本正文中则有大量的图、表。这正是摘要和科技文本正文体裁上的差异在语言上的外现。因此，词汇和语体的关系是多种多样的，并非只有同义词在不同语体中分布的概率才能体现。

通过对比社会科学摘要和社会科学文本正文语料，我们发现前10个高频词中有4组是相同的，它们是"经济""企业""社会"和"问题"；有3组是近似的，它们是"国家/我国""制度/政策""文化/知识"。这就说明摘要是正文的浓缩，摘要中最高频的词汇通常也是正文中的高频词汇。科技论文摘要和科技文本正文在名词的用词上具有高度相似性，体现出语体相似性的一面。

名词的使用以所阐述的内容为依托，依实际的表达需要而出现。所以，普通名词往往并不具有语体上的差异性。但是，同义名词在语用上往往会体现出语体差异，这种差异在摘要和科技文本正文中一般不明显。有关名词在不同语体中的差异，第4章将进行分析讨论。

2. 摘要中的代词特征

在语体视角下研究代词的文献并不多见。吴继文（1982）较早地根据托福试题分析了书面语体和口语体中代词的使用问题。曹军（1995）分析了英语口语中代词的主格与宾格的相关问题。黎平（2005）以《南齐书》为研究对象，分析了古汉语中代词的语体层次问题。梁银峰（2012）进一步研究了上古汉语中的指示代词在不同语体中的指示性问题。王珏和洪琳（2013）把代词分为人际代词和非人际代词，并从该角度分析了代词体现出的语体差异。总体上看这些研究都没有系统地对代词在语体中的功能进行分析，且多数分析都没有数据支撑。只有陈瑞瑞和王德春（2000）对科技语体和其他语体进行了数据对比，但只是分析了人称代词和物称代词的概率问题。

本书将通过数据分析摘要和科技以及语体其他语体中代词的使用差异。先分析摘要和科技语体正文在使用代词上的不同特点。下文利用代词密度进行分析。

代词是实词中为数不多的封闭词类。因其数量相对固定，所以比较容易统计分析。在英语科技语体中代词也是令人关注的一种词汇，因为代词可以体现出语体客观性。但是，在科技汉语中其并没有引起足够的重视。这里先对比科技论文摘要中的代词，第4章将对不同语体中的代词做对比分析。

在摘要语料库中对代词进行检索得到如下数据（表3-26）。

表 3-26　科技论文汉语摘要中代词相关数据表

语料来源	代词形符	高频例词	代词类符	语 料 规 模（词数）	代词密度
自然科学摘要	339 879	其、该、本文、此、各、这	129	23 660 444	$1.44e^{-2}$
社会科学摘要	295 459	本文、其、这、它、各、此	165	11 812 737	$2.50e^{-2}$
自然科学文本	255 145	其、这、我们、它、其中	237	9 410 981	$2.71e^{-2}$
社会科学文本	389 281	这、其、我们、它、这种	264	11 274 074	$3.45e^{-2}$

从上表中的数据可以看出以下几点。

第一，社会科学无论摘要还是正文文本，用到的代词种类（类符）都更多。也就是说，社会科学摘要和正文都更加开放，使用的代词种类更多一些。而自然科学摘要则更加封闭，在代词使用上不那么随意。事实上，自然科学摘要的语料规模远大于社会科学摘要的语料规模。这就更加说明了自然科学所用代词比较集中、封闭。

第二，社会科学摘要使用代词比自然科学摘要频繁，从密度上可以看出，相差差距比较大。社会科学摘要的代词密度是自然科学摘要的近 2 倍。代词的使用可以避免重复某些名词和内容，从而使语言显得简练，而且使篇章显得更加连贯。在代词使用频率上，社会科学摘要比自然科学摘要高，但这并不代表自然科学摘要不如社会科学摘要连贯，因为衔接还可以用名词、连词等其他成分实现，所以连贯程度尚需要从其他方面分析。但是，代词的频繁使用可能因指代不明而造成歧义，这或许是自然科学摘要使用代词少的原因之一。

第三，比较表中数据可以看出，代词的密度有一定规律性。摘要的代词密度低于正文的代词密度。这说明摘要的语言因为篇幅较短，减少了回指、复指等的必要性，故较少使用代词。也有可能是因为代词容易产生歧义，所以在摘要中避免过多使用代词。从语篇的角度分析代词还是一种重要的语篇衔接手段。因此，代词的广泛使用是语篇连贯的重要标志之一。所以，代词的密度在一定程度上反映了这种衔接手段的使用情况。代词使用的频率和篇幅长短是否有关，尚须进一步研究。不过,代词使用频率较低是摘要区别于科技语体正文的重要形态特征之一。

摘要中代词使用频率低的又一重要原因是为了尽量体现观点的客观性,经常用名词"笔者""作者"等替代人称代词"我"。下文将对此进行分析。

3. 摘要中的动词特征

上文对动词的分布进行了过统计分析,它是实词中使用比例最高的词之一。动词的语法功能丰富,可以从多方面进行分析。这里主要探讨能体现摘要语体特征的动词,对不具有语体区分功能的动词特征,此处不进行分析。经笔者对动词的相关语料和数据反复观察,发现摘要语体中动词具有两大显著特征。

摘要的字数是有限的,而且要求具有高度的概况性。但是,摘要又是居于论文显著部位,倍受关注的重要部分之一。所以,论文摘要具有较高的正式性。若从摘要字数有限来看,则动词应尽量使用单音节动词;但是若要使文章显得正式,则应该尽量使用正式程度较高的双音节动词。这种推测显然是矛盾的。摘要中的动词在音节上到底有什么特特征,下文通过数据进行分析与说明。

经对摘要不同音节的数据进行检索,得到下表中的数据(表3-27)。

表3-27 摘要中动词的音节分布及对比数据表

语料来源	单音节动词形符数与类符数		双音节动词形符数与类符数		多音节动词形符数与类符数	
自然科学摘要	1 545 581	916	4 048 679	5 807	39 775	1 105
社会科学摘要	526 816	1 009	2 175 215	8 346	48 956	1 598
自然科学正文	714 223	669	1 620 788	2 485	29 555	1 019
社会科学正文	784 452	740	1 630 242	3 292	39 236	1 344

从表中数据可以清晰地看出,摘要中单音节动词无论形符还是类符都低于双音节动词。但是,在科技语体正文中,分布趋势是相同的。为了更加清楚地了解摘要和科技语体正文中,动词音节的分布特征,将这组数据转换为百分比数据,以便比较。经对上表中的数据进行运算与转换,得到下表中的数据(表3-28)。

表 3-28　摘要中动词音节分布比例与对比数据表

语料来源	单音节动词形符数 - 类符数	双音节动词形符数 - 类符数	多音节动词形符数 - 类符数
自然科学摘要	27.43%	71.86%	0.71%
社会科学摘要	19.15%	79.07%	1.78%
自然科学正文	30.21%	68.54%	1.25%
社会科学正文	31.97%	66.43%	1.60%

从表中数据可以看出，摘要中的双音节动词比例明显高于科技语体正文文本。摘要中单音节动词比例较正文中减少，摘要中多音节动词也比正文中的比例减少。由此可以判断，动词的双音节形式更能凸显语体的正式程度。由此可见，相对于摘要字数的限制，摘要语体的正式度更为重要。

检索过程中发现，以动词后缀"化"结尾的动词占据了摘要和正文中多音节动词的绝大多数。为此，笔者检索并统计了以"化"结尾的动词，数据如表 3-29 所示。

表 3-29　摘要中"化"结尾的动词分布及对比数据表

语料来源	"化"结尾动词形符数	"化"结尾动词类符数	普通动词总数	"化"结尾动词的比例
自然科学摘要	173 846	1 385	5 634 035	3.09%
社会科学摘要	66 027	1 663	2 750 987	2.41%
自然科学正文	45 275	983	2 364 566	1.91%
社会科学正文	42 879	1 193	2 453 930	1.75%

从表中数据可以看出，自然科学摘要中以"化"结尾的动词最多，高达动词总数的 3.09%。总体上看，摘要中以"化"结尾的动词高于科技语体正文中的比例。这一特殊现象是摘要中动词的重要特征之一。

第 4 章还对比了科技语体和其他语体中以"化"结尾的动词的分布。事实证明，以"化"结尾的动词高频出现，不仅是摘要中动词的特征，也是科技语体区别于其他语体的特征之一。

4. 摘要中的形容词特征

形容词在语体中的作用已经引起不少学者的注意，比如郑梦娟（2004）、于灵子（2006）、韦超（2006）、王景丹（2006）、辛丽芳（2014）等。其中，郑梦娟对 ABB（2004）式形容词在不同语体中的分布做了对比，认为 ABB 类形容词在科技语体中比较罕见。前文中关于音韵部分，笔者并未检索 ABB 类形容词。因为 ABB 类形容词多数是状态形容词，而在本书所用语料中，ABB 式形容词并未单独标注。

既然 ABB 类形容词在科技中比较少见，那么状态形容词应该也是比较少见的。为了验证这一推论的正确性，笔者检索了科技论文摘要中的状态形容词，并对科技语体正文中的形容词一并检索，用以对比，数据如下表所示（表 3-30）。

表 3-30 摘要中的状态形容词对比数据

语料来源	状态形容词形符数	状态形容词类符数	语料规模	总体概率
自然科学摘要	786	48	23 660 444	$3.32e^{-5}$
社会科学摘要	474	71	11 812 737	$4.01e^{-5}$
自然科学正文	623	85	9 410 981	$6.62e^{-5}$
社会科学正文	1 511	162	11 274 074	$1.34e^{-4}$

从表中的数据可以看出，摘要中状态形容词的概率明显较低。而且，自然科学摘要中状态形容词的概率最低。这说明状态形容词具有语体的选择性。一般认为，状态形容词具有明显的描写性，而摘要则是高度概括性的语言，所以状态形容词的出现概率明显较低。实际上，在整个科技语体中，状态形容词的概率都比较低，详细见第 4 章中不同语体中状态形容词的对比。

5. 摘要中的数词特征

在科技语体中，由于多数研究涉及数学，因此数词使用频率较高。摘要中是否也会频繁使用数词，这就需要通过数据证明。数词从形态上可以分为阿拉伯数字数词和汉字数词。不同形态的数词同样体现着语体的差异。经检索，得到下表中的数据（表 3-31）。

表 3-31　摘要和科技语体正文中的数词数据表

语料来源	阿拉伯数字数词频数及密度		汉字数词频数及密度		数词总频数及密度		总词数
自然科学摘要	230 151	$9.72e^{-3}$	341 138	$1.44e^{-2}$	571 289	$2.41e^{-2}$	23 660 444
社会科学摘要	52 009	$4.40e^{-3}$	193 666	$1.64e^{-2}$	245 675	$1.09e^{-2}$	11 812 737
自然科学正文	276 770	$2.65e^{-2}$	202 101	$1.94e^{-2}$	478 871	$4.59e^{-2}$	10 426 739
社会科学正文	100 092	$8.72e^{-3}$	251 788	$2.19e^{-2}$	351 880	$3.06e^{-2}$	11 479 370

从表中数据可以看出，摘要中的数词，无论是阿拉伯数字数词，还是汉字数词，其密度都远远低于科技语体正文中的数词密度。这种结果是与摘要的功能相适应的。摘要本身用来概括科研论文的主要意思，即使需要用到数字，也仅仅引用非常重要的数字。所以，摘要中概括性语言要多于数词。而科技语体的正文则需要靠大量的数词说明运算、推理的过程，因此数词的运用自然密度较高。

与社会科学摘要相比，自然科学摘要数词的密度，无论是阿拉伯数字，还是汉字数词都较高。这是由各自学科的性质所决定的。自然科学和数学密切相关，很多研究离开数学根本无法开展。当然，任何科学都和数学有着千丝万缕的联系。可是，社会科学，相对而言，对数学的依赖性弱些。因此，社会科学摘要运用的数词自然也就少些。

综上所述，摘要和科技语体正文在数词使用上有着显著差异；自然科学摘要和社会科学摘要在数词使用上也存在着较大差异。数词使用的多寡是这几个范畴间的差异的一个重要方面。

6. 摘要中的量词特征

量词的重叠式，作为音韵上的特征，已在前文进行了分析。除量词的重叠式外，量词往往和数词搭配使用。既然数词在社会科学与自然科学的摘要中存在差异，下文验证量词在两者之间是否也存在着类似的差异。经检索得到表 3-32 中的数据。

表 3-32　摘要和科技语体正文中的量词数据表

语料来源	量词总形符数	量词总类符数	非汉字量词数	量词密度	总词数
自然科学摘要	329 141	359	24 152	$1.39e^{-2}$	23 660 444
社会科学摘要	139 913	307	349	$1.18e^{-2}$	11 812 737
自然科学正文	197 337	358	11 890	$1.89e^{-2}$	10 426 739
社会科学正文	177 450	329	149	$1.55e^{-2}$	11 479 370

从上表中的数据可以看出，自然科学摘要中量词的密度高与社会科学摘要，而且非汉字量词含量也高。这是自然科学摘要区别于社会科学摘要的重要特点。

但是，无论社会科学还是自然科学，摘要的量词密度又都低于正文的量词密度。这是摘要区别科技语体正文的特点之一。这与摘要的概括功能相适应，概括性的内容不需要大量使用数词和量词进行详细描写。因此，数词和量词的使用便减少了。

上述的这些特点和数词的特点大致呈对应的趋势。这说明数词和量词大多数时候是搭配使用的。当然，量词的重叠式有特别的用法，在上文的语音部分已经分析过。

7. 摘要中的副词特征

前文在摘要的音韵部分已经分析了摘要中的副词重叠式的分布情况。关于副词在语体中的分布情况，笔者所检索的数据中尚未发现有学者研究过。下文就普通副词在摘要中的分布情况进行对比，以观察副词在概率分布上有没有明显的区别性特征。这里的普通副词是指除了副词重叠式以外的副词。经检索得到下表 3-33 中的数据。

从表中形符数据可以看出，整体上摘要中的副词出现的概率没有科技语体正文中的高，自然科学摘要中副词出现的概率没有社会科学摘要中的高。从类符数据可以看出，自然科学语体中的副词类符也没有社会科学语体中丰富。自然科学正文和社会科学正文的对比呈现出和摘要相似的特点。

表 3-33　摘要中普通副词概率分布及对比数据表

语料来源	普通副词总形符数	普通副词总类符数	总词数	普通副词词密度
自然科学摘要	467 095	633	23 660 444	$1.97e^{-2}$
社会科学摘要	258 252	878	11 812 737	$2.19e^{-2}$
自然科学正文	280 187	645	10 426 739	$2.69e^{-2}$
社会科学正文	396 758	751	11 479 370	$3.46e^{-2}$

检索过程中发现，摘要中有很多单音节副词，其比双音节副词的比例高。为了从数量上把握普通副词在音节上的规律，笔者检索了不同音节副词的使用情况，具体数据如表 3-34 所示。

表 3-34　摘要中不同长度的副词分布及对比数据表

语料来源	音节数							
	1		2		3		≥ 4	
自然科学摘要	127 289	49.30%	126 243	48.89%	4 665	1.81%	18	0.01%
社会科学摘要	296 144	63.40%	166 544	35.65%	4 389	0.94%	55	0.01%
自然科学正文	154 457	55.14%	119 649	42.71%	5 947	2.12%	84	0.03%
社会科学正文	201 931	50.90%	183 635	46.29%	10 879	2.74%	241	0.06%

从表中数据可以看出，摘要中副词的长度没有什么固定规律。自然科学摘要中单音节副词概率低于社会科学摘要，低于自然科学正文。社会科学摘要中，单音节副词明显高于自然科学摘要，同时高于社会科学正文。

相比而言，无论摘要还是正文，单音节副词都比双音节副词和多音节副词的频率高。

实际上，副词具有很强的句法功能，如可以修饰动词、形容词，还可以修饰名词等。而且，有些副词功能大于意义，所以不少学者将其列为虚词。虚词在形态上有一个特点，即单音节词多，而且不少单音节词是由多音节词逐渐虚化、合音而来的。从上表音节的数量上可以看出，副词和虚词比较接近。

实际上副词可以分为若干类，如范围副词、程度副词、时间副词、否定副词等。但是，现在的标注系统尚不能将副词进行详细的分类赋码。尽管笔者注意到目前缺乏从语体视角对副词的研究，但是无法从数量上对其进行分门别类的统计分析。

然而否定副词数量有限，因此可以在中国传媒大学的分词标注系统中进行标注，其二级标注码为"/mone1"。以此为突破口，笔者用正则表达式"(?<=\s)\w+(?=/d/mone1\s)"检索了不同语体中的否定副词数量。现就摘要中的否定副词及对比数据列表如下（表3-35）。

从表中数据可以看出，总体上，摘要中含有的否定副词较少，概率低于正文中的否定副词概率。自然科学摘要、正文中的否定副词概率分别低于社会科学摘要和正文中否定副词的概率。由于否定副词的个数是有限的，因此当语料达到一定规模后，类符的数量不具有区分度。从高频出现的例词看，没有大的差异，只是个别词词频略有变化。比如，在摘要中，"非"被用的频率更高，"没有"用得相对较少；在正文中，"非"被用的频率低于"没有"。"非"具有一定的文言色彩，在摘要中出现较多，体现出摘要较高的正式度。另外，"非"只有一个音节，可能跟摘要的篇幅局限有关。

表 3-35　摘要中的否定副词分布及对比数据表

语料来源	否定副词形符数	频率前5的例词	否定副词类符数	总词数	否定副词概率
自然科学摘要	75 458	不、非、没有、未、难以	27	23 660 444	$3.19e^{-3}$
社会科学摘要	58 317	不、非、未、没有、难以	27	11 812 737	$4.94e^{-3}$
自然科学正文	54 415	不、没有、非、未、难以	27	10 426 739	$5.22e^{-3}$
社会科学正文	90 629	不、没有、非、难以、未	27	11 479 370	$7.89e^{-3}$

8. 摘要中的介词特征

语体学视角下的介词研究，近年来被逐渐关注。王慧晓（2012）分析了口语体主语前的介词短语"在……"，但没有区分介词在不同语体中的异同。张焕燕（2012）较为详细地分析了不同类别的介词在文艺语体和公文语体中的用法，但是没有分析科技语体中的介词。吴春相（2013）对现代汉语中介词在口语体和书面语体中的分布进行了分析。吴春相将介词分为书面、中性、口语三种，并将介宾结构的功能分为补语、状语、定语等进行分析。但是，吴春相似乎也没有涉及书面语体中不同语体中的介词用法。

为大致了解介词在科技语体摘要和正文中的区别，笔者首先检索了介词的词频分布数据。经检索得到如表 3-36 所示的数据。

表 3-36　摘要中的介词分布及对比数据表

语料来源	介词形符数	频率由高到低的例词	介词类符数	总词数	介词概率
自然科学摘要	994 418	对、在、为、基于、以、于、用、从、比	74	23 660 444	$4.20e^{-2}$
社会科学摘要	509 836	对、在、从、以、为、于、和、基于、向，由	87	11 812 737	$4.32e^{-2}$
自然科学正文	393 091	在、对、由、为、从、用、将、于、以、当	72	10 426 739	$3.77e^{-2}$
社会科学正文	463 642	在、对、从、以、为、于、由、把、向、通过	79	11 479 370	$4.04e^{-2}$

从表中形符数据可以看出，总体上摘要中的介词概率高于正文中的介词概率。从类符数据可以看出，摘要中介词的类符数比正文中还要丰富。综合第 4章中的数据，发现语体越正式则介词使用越频繁。政论语体和文学语体中的介词概率都低于科技语体，以社会科学摘要中的介词概率最高。

笔者将科技语体、政论语体、文学语体中的介词列表于附录 11，以供参考。

9. 摘要中的连词特征

近年来，语体学视角下的连词受到越来越多学者的关注。杨会勤（1995）

从功能语言学的角度，基于语料库，分析了英语连词在正式语体和非正式语体中的区别。崔建新和张文贤（2006）从语体的视角，检索了语料库中的连词使用情况，但是没有分析科技语体中的连词使用情况。安浩（2015）则从语体学的视角对《大唐西域记》这一中古向近代过渡阶段的汉语语料中的连词进行了考察。姚双云（2015）在研究连词在口语语篇中的互动性时对比了连词使用情况，发现口语中连词的使用频率高于书面语体。上述研究都是从语体学视角对连词的探索，并没有针对科技语体的连词的研究。因此，笔者在下文将从语体学的视角分析科技语体中的连词，首先分析其在摘要中的分布情况，然后在第4章中分析同语体中的连词分布。

首先，从连词的频率分布上分析连词。经检索得到下表中的数据（表3-37）。

表3-37　摘要中的连词频率分布及对比数据表

语料来源	连词形符数	连词类符数	高频例词	总词数	连词的概率
自然科学摘要	68 954	29	和、并、及、与、而	23 660 444	$2.90e^{-3}$
社会科学摘要	74 683	81	和、与、并、及、而	11 812 737	$6.32e^{-3}$
自然科学正文	398 475	120	和、及、则、与、而	10 426 739	$3.82e^{-2}$
社会科学正文	508 313	144	和、而、与、但、或	11 479 370	$4.43e^{-2}$

根据表中的数据，从总体上看，摘要中的连词使用频率远远低于科技语体正文。从类符上看，自然科学摘要中的连词类符远远少于其他语体。但是，最高频的连词，从类符上看并无太大差异。参照第4章中的数据，摘要中的连词概率也明显低于政论语体和文学语体。也就是说，摘要最显著的特征就是其连词使用的概率明显最低。

数据表明，摘要和科技语体正文的显著差异是其较少使用连词。姚双云（2015）认为，连词跟话语的互动性密切相关，其在口语中的频率高于书面语体。摘要，作为一种高度概括性的书面语体，互动性欠缺，所以较少使用连词。另外，连词使用较少跟摘要的体裁特征有关。摘要往往字数有限，因而句子数量也非常有限。因此，至少在句子间使用连词的概率就降低了。

　　总之，数据表明，摘要是一种区别于科技语体正文的特殊言语。从范畴化的角度看，在科技语体中，摘要也是科技语体的成员，成员之间虽然有一定的相似性，但是在某些方面存在着差异。

10. 摘要中的助词特征

　　王德春和陈瑞瑞（2000）认为，结构助词"的"在科技语体中的频率远高于报道语体和事务语体。在摘要和科技文本正文之间有没有类似差异，下文进行验证。经检索得到表 3-38 中的数据。

表 3-38　不同语体中结构助词"的"的数据

语料来源	结构助词"的"形符数	语料库总词数	结构助词"的"概率
社会科学摘要	935 021	1 796 754	$5.20e^{-1}$
自然科学摘要	1 530 521	2 196 522	$6.97e^{-1}$
社会科学正文	935 252	11 512 370	$8.12e^{-2}$
自然科学正文	682 251	10 426 739	$6.54e^{-2}$

　　表中数据说明，在科技论文摘要中，结构助词"的"的概率高于科技语体正文，而且差异比较显著。也就是说，结构助词"的"的高频出现是科技摘要的重要的区别性特征之一。结构助词"的"往往用来构成概念意义的定语结构，也就是用来连接修饰语和名词。所以，"的"往往和其前面的成分构成名词的定语。定语越多，对名词中心词的限制就越严格，其表达的内容也更加严密，避免造成歧义。这和下文将要分析的摘要的句长长于正文的句长，长于非科技语体的句长都有关系。

　　科技语体中的结构助词"的"与其他语体的差异，将在第 4 章中分析。

3.4　科技论文摘要的语句特征

　　语句特征主要指句子层面的各种语言特征。句子是个复杂的研究对象，涉及句法等众多因素。句子层面的语体因素通常包括句子类型、句子长度、句子成分排列、句法方面的修辞等，也可以概括为句型、句式、句类等。但是，本书作为一项基于语料库的研究，主要关注能从形态上加以区分的且与句子有关的变量，从而实现对句子的研究。下文从句长、句型、句序等方面对句子进行统计和分析。

3.4.1　摘要的句子长度

1. 相关问题

句子长度（简称"句长"）被较早地运用于语言风格分析，如有人曾对海明威小说的平均句长进行统计，发现海明威比较喜欢用短句。但是，那是一种文学风格的分析。也有不少学者在语体分析中将句长作为语体研究中的一个变量，如丁金国。

在上一章中，已经对篇名的长度进行了计算和对比。但是，篇名不涉及句子切分的问题。句长是指每个句子含有的字符数量，所以要先确定切分句子的标准。确定句子的长度涉及到句子标记问题。一般情况下，标点符号可以作为句子的划分标记，特别是句号、问号、感叹号，都是句子结束的标记。但是，在汉语中，人们习惯用逗号把关系紧密的一组完整句子隔开。可是，有时候逗号又仅仅表示一种停顿，如话语标记往往用逗号隔开，其意思表达并不完整，算不上一个句子。所以，句子切分能否以逗号为准，这不是一个简单的问题。

除了逗号以外，省略号是否表示一个句子的结束也是值得考虑的。有的省略号放在句中，不应该作为句子的标记；有的省略号放在句末，起到了句号的作用，应该算是句子的标记；有的省略号被误用或故意多用，如本应 6 个点，却用作 12 个点（强调多）或用三个点（英文中这是规范的）。

总之，标点符号使用不严谨，会导致计算不精确。下文中的统计不把逗号和省略号作为切分句子的标准。在统一的标准下比较，得到的结果相对比较科学，具有一定的说服力。

下文试用平均句长分析不同语体的文本，通过对比找到科技语体的句子特征。

和篇名长度的计算类似，句长的算法公式为 $L = N_{字符数}/n_{句子数}$。

由于句子切分标记的争议问题，这里分两种情况计算兰卡斯特汉语语料库中科技汉语句长，作为后面研究的参考。

第一，逗号不作为句子的标记。

这样，根据前文数据，LCMC 的科技语料库的句子数 $n=$ 5 199+476+378+0+98+9+11+0=6 171。平均句长 L=229 853/6 171≈37.2（个字符）。

第二，逗号作为句子的标记。

这样，根据前文数据，LCMC 语料库的子库"科技语料库"的句子数 $n=$ 5 199+476+378+0+98+9+11+0+10 211+4=16 386。平均句长 L=229 853/16 386 ≈14.0（个字符）。

实际上这种统计忽略了标题和小标题等没有标点符号的情况。如果除去标题，科技文本句子的长度则会稍短一些。但是，这类标题文本没有什么固定的形态特征，很难对其进行详细的统计与分析，故此处忽略。上述讨论与计算仅作为下文研究某些数据的参考。

2. 摘要句长的对比

一般来讲，摘要浓缩了全文主要意思，概括性比较强，所以句子也应该比较长，事实如何，下文通过数据说明。

表 3-39 中汉字总数的计算以句号、问号、感叹号、分号为句子标计，正则表达式为"。|？|！|；"。也就是说，这些符号为一个完整句子的标记，但是句子长度的统计均不含标点符号，仅计算字符。

表 3-39　摘要句长及相关数据表

语料来源	汉字形符	全部字符形符	句子总数	平均句长
社会科学摘要	20 440 968	21 046 496	350 594	58 个汉字，或 60 个字符
社会科学文本	19 631 511	24 071 492	513 474	38 个汉字，或 47 个字符
自然科学摘要	36 779 421	42 084 960	598 442	61 个汉字，或 70 个字符
自然科学文本	15 942 049	23 370 746	399 290	40 个汉字，或 59 个字符

从表中数据可以看出以下几点。

第一，摘要的句子长度都高于非摘要科技文本的句子长度。无论以汉字为单位统计，还是以字符为单位统计，结果都反映出摘要的句子长度高于非摘要科技文本的句子长度。这种自然语句中流露出来的特征表明，摘要是一种正式度与书面化程度都极高的语体，它区别于科技语体正文的文本。

第二，摘要中含有的非汉字字符少于科技语体正文中的非汉字字符。平均字符数和平均汉字数之差所代表的量就是平均非汉字字符的量。略加比较可知，社会科学摘要所含的非汉字字符数为 2 个，低于社会科学文本的 11 个；自然科学摘要中所含的非汉字字符数为 9 个，低于自然科学文本的 19 个。两组数据间差距都在 9 个以上，充分说明摘要语言应尽量避免使用非汉字字符，以使摘要更加整洁。

第三，科技文本正文的句长计算结果和上文中兰卡斯特汉语语料库中的科技语料句长（37）基本接近。而本书所用语料库的规模远远大于兰卡斯特汉语语料库。因此，该数据总体上比较可靠。

句长实际上也是一种音韵的节律。句子的长短，从语义表达的层面看，是由实际所要表达的语义所约束的。但是，从句子音韵形态层面上看，则体现为一种语流的规律。句子的长与短主要体现出语流的慢与快。在语流中，凡节奏快者，语句必短；凡节奏慢者，则语句必长。因此，句长不仅体现了句子结构层面的问题，还体现了语言音韵节律。社会科学论文摘要句子较短，说明适宜快读，节奏较快；而自然科学摘要句子较长，说明适宜慢读，这与自然科学较难理解并且讲究语义严密性有密切关系。因此，句子长短除了和语义表达的实际需要有关，还与语言的节律习惯及美感有关，是多种因素共同决定而最终形成的。

事实上，语言的语流运行节律还表现为抑扬顿挫、曲折跌宕、疏密缓急、起承转合等，但是由于其他因素较难通过语料进行计算，因此此处不再详细分析；可计算的节律特征在上文中已经分析。

3.4.2 句子的语气类型

句子类型根据不同的分类标准有不同的分类结果。下文以常见的几种分类方法，分析科技语体在句子上体现出来的特征。

通常按照语气可以将句子分为陈述句、疑问句、感叹句和祈使句。前三种句子类型基本上可以根据句末的标点符号确定，但是祈使句没有固定的形态标记，它的句末可以是问号，可以是叹号，也可以是句号。即使用词上有时以"请"等词开头，但是不一而足。经笔者对摘要中的语言观察发现，一般的摘要中并不使用祈使句，即使有特殊例子，也比较罕见。因此，下文对科技论文摘要中句子的语气类型按标点符号进行了统计，数据如表 3-40 所示。

表 3-40　摘要中句子的语气标记分布表

语料来源	句号句	问号句	叹号句
自然科学摘要	558 605	421	58
社会科学摘要	341 976	956	75

通过表中数据可以一目了然地看出三种主要句式之间的比例关系。若从概率的角度分析，则社会科学摘要中出现感叹句和疑问句的概率更高。用同样的计算方法，我们也可以计算出科技语料中的类似数据。为了比较摘要中句子的特点，将统计结果一并统计，如表 3-41 所示。

表 3-41　摘要中语气标记出现概率分布表

语料来源	句　号	句号概率	问　号	问号概率	感叹号	感叹号概率
自然科学摘要	558 605	99.91%	421	0.08%	58	0.01%
社会科学摘要	341 976	99.70%	956	0.28%	75	0.02%
自然科学文本	416 598	97.53%	8 782	2.06%	1 786	0.42%
社会科学文本	327 425	98.87%	3 044	0.92%	691	0.21%

从表中数据可以看出，摘要中陈述句比例明显高于科技文本正文中陈述句（99.91%>97.53%，99.70%>98.87%）。换个角度看，摘要中的句子语气类型比较单一，科技文本正文中的句子可以接受更多的疑问句与感叹句。这正是摘要语言区别于正文语言的特点之一。

总体而言，以叹号结尾的句子在摘要中出现的概率最低，低到几乎可以忽略不计，因为即使有些句子出现了叹号，实际上也是引语（如下面例子），真实感叹句的比例应该更小。

所以，从概率上看，感叹句不是摘要句子类型里的边缘成员，而疑问句则是摘要句子中的次边缘成员，陈述句是核心成员，祈使句可能是最边缘成员。

实际上，疑问号和感叹号连用和混用的现象在网络媒体上，甚至在文学语体中都非常常见，但是经检索，在摘要和科技文本中都没有。这个结果说明了科技语体的庄重性、严肃性，也说明结果的精确性。

3.5 科技论文摘要的语篇特征

当语篇为了适应一定的语境和功能时，其就成了语体手段。语篇层面的语体手段主要有衔接手段、连贯程度、体裁等。因此，下文主要从摘要的衔接手段、连贯程度和体裁等方面分析摘要的语体特征。

3.5.1 摘要的衔接与连贯

韩礼德在 1961 年就提出了衔接的概念。之后，韩礼德和韩茹凯（1976）对语篇衔接进行了系统研究。接着，国内学者对衔接和连贯都进行了介绍和研究，如朱永生（1993）、胡壮麟（1994）、张德禄（2001）等。从总体上看，衔接分为两大类，即语法衔接手段和词汇衔接手段。语法衔接手段包括指称、替代、省略和连接。词汇衔接手段包括重述和搭配。衔接是一种语篇内部的语义纽带，可以形成衔接链和衔接网络，使语篇更加连贯。

从相关文献上看，很少有人将话语标记作为语篇的衔接手段。但实际上，话语标记本身的功能就是使语篇更加连贯。因此，下文重点分析连词和话语标记。

代词是重要的衔接手段（即指称），前文已经对人称代词、指示代词等进行了分析，此处不再详细分析。省略很难从形态上把握，无法做大规模的统计分析，所以此处不再分析。

替代虽然也是重要的衔接手段，但是在语料库中只能用于观察，而无法进行统计与比较；词汇发挥的衔接功能也不容易批量的捕捉，目前没有很好的办法进行统计。所以，这里重点分析连词和连接成分的衔接。

常规语篇衔接手段中的有标记衔接（主要靠关联词语），是篇章修辞常用的语体手段；无标记衔接用于口语语体中，是话语修辞常用的语体手段。常规语篇修辞中的逻辑连贯适用于各类语体，特别是应用语体、科学语体，是语篇建构中主要的语体手段。变异语篇修辞中，（隐性）逻辑连贯一般只适用于文学语体，是文学语体体现其艺术魅力的语体手段。科学语体排斥语篇变异的逻辑连贯。

衔接手段有显性衔接手段和隐性衔接手段之分。显性衔接手段主要指依据内部语境（或称篇内语境）而使用关联词、话语标记等具有一定形态标记的衔接手段，而隐性衔接手段主要依据外部语境（或称篇外语境）。

3.5.2　话语标记

一般认为话语标记最早由夸克（1953）论及，后引起了语言学界的广泛关注。国外的话语标记研究比较成熟，尤其是对英语话语标记的研究。国内语言学界对汉语话语标记的研究近年呈上升趋势，话语标记成为汉语研究的热点问题。一般认为话语标记的功能在于使话语更加连贯，在理解中起到关联作用，在语篇构建中起到顺应语境的作用。

话语标记在不同的语体中出现的类型和频率是不一样的。因此，话语标记也是形成语体格调的重要因素。李秀明对比了一些语体间话语标记的差异。下文通过数据说明摘要的话语标记特征，重点是比较话语标记和科技语体本身在话语标记使用方面的差异。

为了阐述分析之便，这里提出一个概念，即话语标记的密度。话语标记密度是指在一定字数的文本中所含的话语标记个数。

若要比较不同语体中话语标记的频率，那么我们要先比较话语标记在语料中出现次数及其语料规模（字数）之间的关系。如果用 S（scale）表示语料的规模，那么话语标记的个数 M（markers）和话语标记的密度 D（density）之间的关系就是 $D=M/S$。

根据这个公式，得到的结果越大，则证明话语标记出现的频率越高，也就是话语标记的密度越大；反之则表示话语标记出现的频率越低，即话语标记的密度越小。

论文摘要中是否含有话语标记呢？话语标记的密度有多大呢？摘要中的话语标记和科技文本正文中的话语标记密度之间是什么关系呢？表 3-42 正是针对上述三个问题而进行的统计。中国传媒大学标注系统实现了话语标记的自动分析与标注，列在习语一类中。因此，话语标记的统计就比较便捷。笔者通过正则表达式"(?<=\s)[\u4e00-\u9fa5](?=/ldm)"在 PowerGREP 中对话语标记进行了检索与统计，详见附录 13 和表 3-42。

表 3-42　话语标记密度对比数据表

语料来源	语料规模	话语标记形符数	话语标记类符数	话语标记密度
社会科学摘要	20 662 690	5 135	55	$2.485e^{-4}$
社会科学正文	19 621 458	13 185	69	$6.720e^{-4}$

续　表

语料来源	语料规模	话语标记形符数	话语标记类符数	话语标记密度
自然科学摘要	37 018 682	2 161	42	$5.838e^{-4}$
自然科学正文	15 916 534	6 815	67	$4.282e^{-4}$

由表 3-42 中的数据可得出以下结论。

（1）社会科学论文摘要中的话语标记密度低于自然科学摘要中的话语标记密度。

（2）社会科学文本中的话语标记密度高于自然科学文本中的话语标记密度。

（3）自然科学摘要比自然科学文本使用了更多的话语标记。

（4）社会科学摘要则恰恰相反，使用话语标记的频率远远低于社会科学文本。

社会科学摘要中的话语标记密度低于自然科学摘要中的话语标记密度，可能有两个原因。第一，社会科学摘要本身比较短（下文有数据表明），在比较短的句子之间，出现话语标记的可能性也降低了。第二，社会科学摘要所阐述的问题一般比较容易理解，不需要借助话语标记这种显性衔接手段。

然而，社会科学文本中的话语标记密度高于自然科学摘要中的话语标记密度。这或许可以依据常识予以解释，即从事社会科学工作的人通常和文字打交道多，语言功底较好，较多地使用话语标记使语言更加流畅，使语句更加通顺。

上述数据的不规律性还可能有另外的原因，如话语标记密度较低文本中可能有其他衔接手段，或者隐性的篇内语境因素。另外，并不是所有的话语标记都能被分词标注系统识别。这个问题尚待更为精准的标注语料与更有代表性的语料库加以分析解决。

3.5.3　摘要长度

摘要长度（L）指摘要所用字符数。为了更准确地表示这一数量，这里不仅要计算汉字字数，也要计算英文字符数。一般认为科技期刊摘要字数应超过300 字，但是实际情况不一而足。笔者对所摘取的摘要语料库进行了字数统计，统计数据如表 3-43 所示：

表 3-43　摘要字数数据表

语料来源	汉字总数	全部字符	摘要总数	平均字符	平均汉字
社会科学论文摘要	20 440 968	21 046 496	114 272	184	179
自然科学论文摘要	36 779 421	42 084 960	195 874	215	188

从表 3-43 的数据可以看出，自然科学摘要的平均长度长于社会科学（215-184=31 个字符）。如果仅计算汉字字符，差距略小（188-179=9 个汉字）。这与自然科学摘要中包含大量非汉字字符（主要是英文字符和数字）有关。

这与一般摘要的字数要求有一定关系，一般要求 300 字，但是也有超过 300 字的情况，甚至更多，如自然科学中超过 651 个字符的多达 940 个，占抽样总数的 0.002 2%，社会科学摘要中超过 651 的有 299 个，占抽样总数的 0.001 4%。数据虽然微小，但说明一定的问题。总体上自然科学摘要长于社会科学摘要。

为了更清楚地显示摘要长度的分布特征，下面分别统计各摘要的长度的趋势。通过 PowerGREP 用正则表达式 "^.{n}$，n 为正整数" 来统计论文摘要长度，并将数据转化为折线图。① 具体数据如图 3-1 所示。

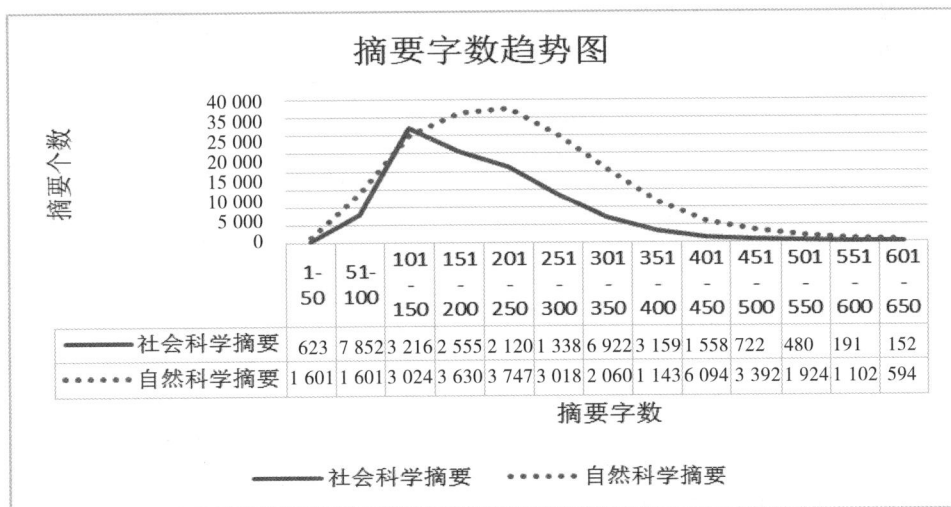

图 3-1　科技论文摘要长度趋势图

摘要字数趋势图

摘要字数	1-50	51-100	101-150	151-200	201-250	251-300	301-350	351-400	401-450	451-500	501-550	551-600	601-650
社会科学摘要	623	7 852	3 216	2 555	2 120	1 338	6 922	3 159	1 558	722	480	191	152
自然科学摘要	1 601	1 601	3 024	3 630	3 747	3 018	2 060	1 143	6 094	3 392	1 924	1 102	594

① 由于抽样总数不同，所以该图只能看趋势，不能对比数字。

从图 3-1 中趋势线可以看出，社会科学论文摘要字数最多的集中在 101～150 字，然后呈直线下降趋势，总体趋势陡直。自然科学论文摘要字数最多的集中在 201～250 字，然后呈缓慢下降趋势。统计图较为清晰地显示了两种科技论文摘要的字符数量上的一种对比关系。很明显，一般的情况下，自然科学论文摘要的篇幅长于社会科学论文摘要。

第4章　科技文本正文的语体分析

4.1　引言

如前文所述，学者对科技语体的研究多是内省式的研究，基于语料库的统计研究较为少见。这与当时的技术水平、客观条件有很大关系。语料库语言学在最近30多年来得到了长足发展，当前的语料库都已经发展到了数以亿计的水平。特别是BCC[①]语料库，总字数达到150亿，每个分库都在10亿字以上，这体现了大数据时代的特征。但是，由于多数语料库存在缺乏精细的标注、详细的分类等缺陷，所以语体研究尚且困难重重。

为了研究科技语体的语体特征，笔者建立一个包含多学科、多领域的科技汉语语料库（Corpus of Scientific Chinese, COSC）。语料主要包括两大类语料，即社会科学类语料和自然科学类语料。社会科学类语料包含经济、法律、军事、政治、艺术、文学、教育、哲学、历史等学科；自然科学类语料包括航空航天、能源、电子、通信、计算机、地矿、运输、环境、农业、医疗、体育等科目的语料。

语料来源于三个部分。一部分语料来源于笔者从CNKI上下载的科技论文，一部分语料来源于复旦大学的分类语料库，还有一部分语料来自华中师范大学语言研究所的科技语体语料库。所有语料都经过抽样分析与校对，对中间出现的一些乱码等数据进行了删除。

该语料库的标注采用中国传媒大学的语料库标注系统完成，标注信息如附

[①]　http://bcc.blcu.edu.cn/

录 1 所示。标注完成后，笔者抽样分析了标注的准确率。对发现的共性标注错误，在 PowerGREP 和 EditPad Pro 7.0 的环境下进行了纠正。在本书撰写过程中，对语料检索过程中发现的标注错误也进行了及时纠正。因此，整体上来看，该语料库的数据相对真实可靠。

总体上，科技汉语正文语料库的相关指标如表 4-1 所示。

表 4-1　科技汉语正文语料库相关数据

语料来源	汉字字数	字符总数	汉语词数	总共词数
社会科学文本正文语料	19 631 511	20 594 843	11 340 208	13 086 203
自然科学文本正文语料	15 946 099	19 716 530	9 461 393	11 539 248
合计	35 577 610	40 311 373	20 801 601	24 625 451

另外建立了一个参照语料库，由《人民日报》的政论语体语料、以小说为主的文学语体语料构成。该语料库的规模如表 4-2 所示。

表 4-2　参照语料库相关数据

语料来源	汉字字数	字符总数	汉语词数	总共词数
文学语体语料	1 931 063	1 941 102	1 337 063	1 515 115
政论语体语料	889 870	918 727	507 276	574 830

此外，为了实现不同的研究目的，研究过程中还将参照 BCC 语料库和蓝卡斯特汉语语料库（LCMC 2.0 版）的检索数据。BCC 语料库总字数达 150 亿，但没有详细的分类与标注；LCMC 的总字数为 100 万，是一个平衡语料库，且进行了较为详细的分类与标注。

下文分别从语音、语词、语句和语篇四个方面对比分析科技汉语的语体特征。

4.2 科技文本正文的语音特征

汉字不像英语等拼音文字，字面缺乏语音层面的标记。因此，如前文所述，对音韵方面的特征进行统计分析，技术水平暂时还达不到。虽然现在可以实现对汉字自动注音，但是经笔者尝试，尚无法准确、有效地实现检索与统计。所以，无法对平仄、押韵、谐音、双声、语调、重音等进行计量分析。不过，语音层面的有些规律可以通过词汇形态与词性标注体现出来。前文的研究针对篇名等分析了相关的一些语体变量，这里对比分析不同语体的汉语在节律、叠音、拟声等方面的差异，从而研究和分析汉语的科技语体在语音层面的部分特征。

4.2.1 节律

节律在某些语体中比较常见，如文学语体中的古诗词。现代汉语中，在某些语境下，巧妙地使用节律，会达到特殊的效果，如政治演讲中，如果节律使用得好，会大大提升演讲效果。排比就是常见于演讲言语的一种节律，除此之外，还有三字格、四字格等。字格是一种可以达到美学效果的语体手段，但同时有一定的语体选择性。

四字格是汉语中的一个常见而重要的节律特点，常出现于不同的语体。下文以四字格为例来分析科技语体的节律特点。但是，不同语体中出现四字格的多少也能在一定程度上反映出语体的特点，也就是说它具有语体的选择性，不是所有的语体都频频出现四字格。下面通过分析不同语体中四字格的分布情况来管窥科技汉语在语音层面的语体特征。

依前文 3.2.1 所述的计算方法，经统计得到表 4-3 所示的数据。

表 4-3 不同语体中连续四字格的频率

语料来源	语料规模（汉字形符数）	四字格频数（形符）	四字格密度
社会科学文本正文	19 621 458	366	$1.87e^{-5}$
自然科学文本正文	15 916 534	186	$1.17e^{-5}$
政论语体	889 869	14	$1.57e^{-5}$
文学语体	869 048	9	$1.04e^{-5}$

表中 4-3 中的数据表明：

（1）社会科学语言中的四字格密度最高。

（2）自然科学语言中的四字格密度远远低于社会科学语言，也低于政论语体，但是高于文学语体。

（3）文学语体的语言中四字格密度最低。

上文数据综合表明，社会科学语言和自然科学语言在节律上的重视程度不同，社会科学工作者人文修养更好，在语言表达上除了注重实用效率外，还从音韵美学上润饰其语言，往往能达到锦上添花的效果。下文撷取 1 例，予以说明："……而另一种则是心地善良，朴实淳厚，滑稽乐观，忧国忧民，可尊可敬，风趣幽默，可歌可颂的下层官吏与平民百姓，以及多为'武丑'扮演的英雄豪侠、枪刀剑客等不同阶层及不同身份的性格迥异，粗犷豪放，侠肝义胆，抱打不平，为民除害，令人赞扬，可喜可叹的人物形象……"

上例很明显是社会科学中的文艺类文章，其中只有 1 句话，122 字，可是四字格频繁出现。四字短语，多达 17 个，而且出现多次隔字叠音现象，如"不同阶层及不同身份""忧国忧民""可尊可敬""可歌可颂""可喜可叹"等。四字格和隔字叠音体现了语言美感的同时，增加了语言的气势，增强了表达的效果。但是，过多地使用这种四字格，反而显得有些冗余、拖沓，这也正是许多学者反对在科技语体中堆积华丽辞藻的原因。所以，自然科学语言中，很少使用这种四字格。

政论语体中使用四字格的现象是比较多的，其四字格的运用密度仅次于社会科学语言，而总体上的四字格密度高于科技语体（科学语体如果不加区分，其四字格密度为 $1.55e^{-5}$）。但不能根据上述数据认为政论语体的节律性低于社会科学语言。上述数据仅就四字格进行了统计，其他节律特点由于暂时没有更好的精确统计方法，待后续研究中予以对比。实际上，政论语体除了运用四字格，还经常使用三字格、排比等手段来加强语言音韵上的节律性。

从上面的数据来看，文学（小说）语体的四字格运用概率最低。这跟语料的选择有关，不同的作者风格不同。但是，总体而言，现代小说的语言更接近口语，而四字格更常见于书卷语体中。所以，即使偶尔有个别小说家更倾向于使用四字格，但总体而言概率不会太高。表 4-3 中统计的小说语料为现当代小说，一般而言，近代甚至古代的文言小说中四字格的频率极高。这里没有具体的语料数据，暂不深入分析。

总之，从四字格的使用密度来看，科学语言因学科的不同而呈现出节律性的不同表现。自然科学相对不太注重节律性，而社会科学的某些文艺类学科更注重节律性。从认知语言学的范畴论来看，社会科学语言和自然科学语言的边界是模糊的，不能从四字格等节律上进行区分。自然科学语言是科技语体的核心成员，其在节律上明显区别于政论语体等；社会科学语体的语言则在节律上更加接近政论语体，是科技语体的边缘成员。

4.2.2　叠音

1. 动词重叠式

动词重叠式主要有 7 种，如表 4-4 所示。

表 4-4　科技论文正文中的动词重叠式词频统计表

重叠类型	标　记	例　词①	自然科学语体		社会科学语体	
			形符	类符	形符	类符
动词重叠式（1）	vv	看看、研究研究	645	163	662	173
动词重叠式（2）	vyv	看一看、放一放	77	25	151	31
动词重叠式（3）	vlv	看了看、研究了研究	2	2	6	6
动词重叠式（4）	vlyv	看了一看、研究了一研究	1	1	0	0
动词重叠式（5）	vbv	写不写、喜欢不喜欢	186	3	606	4
动词重叠式（6）	vmv	写没写、讨论没讨论	0	0	0	0
动词重叠式（7）	vvo	跑跑步、洗洗澡	7	5	5	4

从表 4-4 中的数据可以看出，除第一类重叠动词外，其他动词重叠式都用得很少。但笔者通过对该类动词重叠式检索结果在语境中观察，发现有相当部分是分词标注错误所致，因此实际使用频率远远低于这个数字。理工类科技论文中的很多重叠式动词标注错误率较高，原因是某些专有名词使用的字符特殊，所以检索结果仅供参考。从语法的角度来看，动词的重叠式一般表示动量、时量和尝试等意义（朱德熙）。其实，重叠式一般地都比较口语化，读起来朗朗上口，活泼明快，可以缓和气氛，还能舒缓语气；有些特定的动词重叠式用于特定的语气中，如动词重叠式（2）常用于祈使语气，而有些甚至专门表示疑

---

① 这里的例词只表示重叠式的类型，并非从摘要语料中检索而来。下同。

问语气，如动词重叠式（5）和（6）。通过上述检索结果我们发现，科技正文语料中的动词重叠式非常罕见，语体色彩庄重、谨严。

为了对比科技语体中的语言和其他语体言语中动词重叠式的区别，我们对两者对应的动词重叠式数据进行统计，得到表4-5中的数据。表4-5中数据表明：

（1）科技语体中动词重叠式（1）（2）（3）（5）（7）的概率低于政论语体和文学语体（小说）。

（2）科技语体中动词重叠式（4）的概率和政论语体基本持平，基本上不出现，低于文学语体（小说），尽管政论语体中也不怎么出现。

（3）科技语体中动词重叠式（6）的概率和政论语体、文学语体（小说）一样为0。

表4-5　不同语体中的动词重叠式

重叠类型	自然科学语体		社会科学语体		政论语体		文学语体	
	形符	概率	形符	概率	形符	概率	形符	概率
动词重叠式（1）	645	$4.05e^{-5}$	662	$3.37e^{-5}$	97	$1.09e^{-4}$	592	$6.81e^{-4}$
动词重叠式（2）	77	$4.83e^{-6}$	151	$7.70e^{-6}$	26	$2.92e^{-5}$	122	$1.40e^{-4}$
动词重叠式（3）	2	$1.25e^{-7}$	6	$3.06e^{-7}$	6	$6.74e^{-6}$	313	$3.64e^{-4}$
动词重叠式（4）	1	$6.28e^{-8}$	0	0	0	0	9	$1.04e^{-5}$
动词重叠式（5）	186	$1.17e^{-5}$	606	$3.09e^{-5}$	34	$3.82e^{-5}$	273	$3.14e^{-4}$
动词重叠式（6）	0	0	0	0	0	0	0	0
动词重叠式（7）	7	$4.40e^{-7}$	5	$2.55e^{-7}$	3	$1.27e^{-5}$	13	$1.50e^{-5}$
语料规模[①]	15 916 534 字		19 621 458 字		889 869 字		869 048 字	

总体上，动词重叠式出现最多的是文学语体（小说），然后是政论语体，科技语体用的动词重叠式最少。由此看来，动词重叠式是区别不同语体的重要标志之一。

2. 形容词重叠式

形容词重叠式主要有4种类型，如表4-6所示。

---

① 本节下文中的数据都是基于相同的语料规模，在其他表格中不再一一列出。

表 4-6　不同语体中的形容词重叠式分布表

重叠类型	标记	例词	自然科学语体		社会科学语体	
			形符	类符	形符	类符
形容词重叠式（1）	aa	白白（的）、干干净净、清清楚楚	248	30	518	55
形容词重叠式（2）	aba	白不白、好不好、干净不干净	12	1	24	1
形容词重叠式（3）	ala	马里马虎、古里古怪、土里土气	0	0	0	0
状态词重叠式（4）	Zz	碧绿碧绿、干瘦干瘦、冰冷冰冷	0	0	0	0

从表 4-6 中数据来看，在科技语体的语料中，形容词重叠式最常见的是 aa 式，aba 式也偶尔出现，其他的并未出现。这说明，形容词重叠式（3）和状态词（状态形容词）的重叠式不够庄重，更加口语化，所以并不出现于科技语体中。

从表 4-7 中的数据可以看出，科技语体、政论语体、文学语体（小说）在形容词重叠式上存在着极大的差异。形容词重叠式（1）（2）在三种语体中出现的概率依次升高。这说明，形容词重叠式在不同的语体中是有选择性的，即更频繁地出现于不太庄重的语体中。重叠式（3）在各种语体中都没有出现，说明这种重叠式在书面语中是非常罕见的。另外，如文学语体，比较接近口语体，但是也没有出现，这可能跟语料库的规模有关，即语料稀疏所致，如个别作家比较喜欢用口语化的语言，而在所选的语料里面没有他（她）的作品。形容词重叠式（4）只在文学语体中出现了，但在其他语体中都没有出现。这说明状态形容词的重叠式可以出现在文学语体中，特别是小说中，以体现描述的生动性。

表 4-7　不同语体中的形容词重叠式概率分布表

重叠类型	自然科学语体		社会科学语体		政论语体		文学语体	
	形符	概率	形符	概率	形符	概率	形符	概率
形容词重叠式（1）	248	$1.56e^{-5}$	518	$2.64e^{-5}$	64	$7.19e^{-5}$	273	$3.14e^{-4}$

重叠类型	自然科学语体		社会科学语体		政论语体		文学语体	
	形符	概率	形符	概率	形符	概率	形符	概率
形容词重叠式（2）	12	$7.54e^{-7}$	24	$1.22e^{-6}$	2	$2.25e^{-6}$	38	$4.37e^{-5}$
形容词重叠式（3）	0	0	0	0	0	0	0	0
状态词重叠式（4）	0	0	0	0	0	0	2	$2.30e^{-6}$

3. 数词重叠式

数词重叠式主要有两种类型，如表4-8所示。

表4-8　科技语体中数词重叠式的分布

重叠类型	标　记	例　词	自然科学语体		社会科学语体	
			形符	类符	形符	类符
数词重叠	mm	千千万万、三三两两	0	0	0	0
数量词重叠	mmq	很多很多、许许多多	0	0	0	0

　　从检索到的数据来看，科技语体中根本不使用数词重叠式。这跟科技语体自身的性质有关，因为科技语体是用来传递科技信息，描述科学事实的，所以力求精确、严谨。数词重叠式表示一种概数，而不是精确数量；数量词的重叠往往起到一种程度加强的作用，数量的多少也是比较模糊的。所以，这些数词的重叠式不宜在科技语体中出现。

　　下文通过对比这两类重叠式在不同语体中的出现概率，分析科技语体在数词重叠式上的特点（表4-9）。

表 4-9　不同语体数词重叠式概率对比数据表

重叠类型	自然科学语体		社会科学语体		政论语体		文学语体	
	形符	概率	形符	概率	形符	概率	形符	概率
数词重叠	0	0	0	0	0	0	0	0
数量词重叠	0	0	0	0	0	0	0	0

经过检索，数词重叠式及数量词的重叠式在这几种语体中都没有出现。科技语体的语料规模多达数千万词，而政论语体和文学语体各自只有近百万词的语料规模。所以，对科技语体的检索结果是完全可信的，而对政论语体、文学语体的检索结果很可能是由于语料数据稀疏造成的。由于资源有限，此处对这个问题暂且不予深入分析，待今后条件具备再进行深入的分析与探讨。

在科技语体中，数词的重叠式和数量词的重叠式由于往往表达的是比较模糊的数量，所以不被使用。这也正体现出科技语体的庄重和谨严。

总之，上文以各种词类的重叠式作为叠音现象来对科技语体的特征进行对比分析。从上述统计数据与分析结果来看，总体上科技语体对叠音的使用是比较排斥的。各种叠音在科技语体中要么根本不出现，要么出现的概率没有政论语体和文学语体(小说)中出现的高。这体现了科技语体力求简洁、准确的特点，同时表现出科技语体的庄重和谨严。

另外，通过对比自然科学和社会科学，发现绝大多数情况下，社会科学文本都对叠音表现得相对开放，而自然科学文本对叠音更加封闭。这也再次说明，在科技语体里的这两个范畴成员，自然科学语言更加典型，是核心成员，社会科学语言则更加接近政论语体和文学语体，是边缘成员，但是这些范畴成员之间并没有绝对的界限，即边界呈现出模糊性。

4.2.3　拟声

对拟声词的标注为拟声现象的统计分析提供了依据。笔者对拟声科技语料中的拟声词进行了检索，数据如表 4-10 所示。

表 4-10　拟声词在科技语体中的分布数据

重叠类型	标　记	例　词	自然科学语体		社会科学语体	
			形符	类符	形符	类符
拟声词	o	哗啦、轰隆、叮叮当当	164	48	299	76

从表 4-10 中数据来看，拟声词在自然科学文本和社会科学文本中都有出现，但是在自然科学文本中和社会科学文本中的概率是不同的。相对而言，社会科学中使用拟声的概率明显高于自然科学。另外，从语料检索中发现，由于自然科学语料中有些字符比较特殊，用法比较罕见，特别是化学、医学等方面的文本中，部分词汇有分词标注失误。因此，实际自然科学中使用拟声词的概率更低。这与自然科学性质有关，自然科学文本中可能较少涉及对声音进行形象描写的字句，而社会科学中难免会用一些拟声词汇来对研究对象进行形象化描述。另外，有些拟声词已经固化为成语，如"呱呱坠地"等。这种使用规律在前文的摘要研究中已经进行分析，此处不再详细研究。

下文通过对比不同语体中使用拟声词的概率来了解科技语体和非科技语体的差异。检索到的数据如表 4-11 所示。

表 4-11　拟声词在不同语体中的概率分布

词类	自然科学语体		社会科学语体		政论语体		文学语体	
	形符	概率	形符	概率	形符	概率	形符	概率
拟声词	164	$1.03e^{-5}$	299	$1.52e^{-5}$	35	$3.93e^{-5}$	474	$5.45e^{-4}$

表 4-11 中数据表明，拟声词在表中不同的语体中的概率从左到右依次呈现递增趋势。这种趋势表明，拟声词出现的多寡也是区分不同语体的特征之一。

综上所述，通过对科技语体的节律、叠音、拟声等三个语音方面的分析，科技语体较少使用节律、叠音、拟声等语音手段。可以看出，科技语体是一种实用性语体，不注重语言音韵美感。同时，在分析过程中我们看出，更多地导致这种结果的原因是科技语体追求的是简明、精确和实效，从而在用词上体现出朴素而庄重、简洁而谨严的特点。

4.3 科技语体正文的语词特征

"正文"在这里是指除了篇名、摘要、关键词、参考文献以外的文本。笔者所建立的语料库主要包括科技论文和其他少数科技文章。对科技文章已经处理，删除了篇名和摘要部分。对篇名和摘要已经分别建立了单独的语料库，前文对其已经说明，这里不再赘述。下文所说的科技文本一般是指科技和学术论文的主体部分。当然，语料库中也收录了部分非学术论文的内容，因此这里也不能说是学术论文的文本语体特征。

传统的研究认为，语词手段最主要的是同义词语的选择和运用。科技术语、抽象词语等常用于科技语体，而谚语、歇后语、惯用语、俗语带有鲜明的口语色彩，用于口语语体、文学语体。科学术语是科技语体的语体要素。但本书研究重点在语词的分布上。

科技文本中的词汇最能代表科技语体的词汇特征。如果篇名、摘要算是科技语体的点，那么下文研究的是科技语体的面。毕竟篇名和摘要在数量上只能算是科技语体的一小部分。前文分别分析了篇名和摘要中的词汇特征，并和科技文本的词汇特征进行了对比。下文通过科技语体词汇和其他语体词汇的对比来凸显科技语体词汇的区别性特征。具体而言，分别通过词类、词长等词汇的特征及统计数据来说明科技汉语的语体特征。

4.3.1 科技语体正文中的词类分布

词性分布指的是不同词类的比例关系。笔者认为，通过大量数据对比词类之间的分布关系，能够从宏观上了解不同语体之间的差异。前文第 2、第 3 章对比了篇名和科技文本中词类分布的关系，这里详细统计各词类在不同语体中的关系。对于科技语体中实词的分布特征从词频和词汇密度两个方面来进行分析。

1. 科技文本正文中词类分布特征

经过对科技文本语料中各种词类词频的检索与统计，得到表 4-12 的数据。

表 4-12　科技语体实词分布对照表

词性	社会科学语体			自然科学语体			科技语体正文综合	
	形符	形符百分比	类符	形符	形符百分比	类符	形符	百分比
名词	3 654 345	36.55%	6 866	3 051 730	28.76%	5 685	6 706 075	32.54%
动词	2 518 557	25.19%	4 633	2 404 048	22.66%	3 378	4 922 605	23.88%
形容词	405 680	4.06%	2 010	360 668	3.40%	2 095	766 348	3.72%
代词	389 645	3.90%	264	255 145	2.40%	237	644 790	3.13%
数词	233 406	2.33%	682	185 432	1.75%	462	418 838	2.03%
量词	179 519	1.80%	371	185 706	1.75%	356	365 225	1.77%
副词	399 187	3.99%	999	281 894	2.66%	870	681 081	3.30%
连词	508 313	5.08%	14 908	906 788	8.55%	198	1 415 101	6.87%
介词	497 856	4.98%	18 709	920 879	8.68%	130	1 418 735	6.88%
助词	1 192 310	11.92%	44 637	2 032 330	19.15%	35	3 224 640	15.65%
语气词	19 649	0.20%	978	25 114	0.24%	42	44 763	0.22%
拟声词	299	0.00%	39	463	0.00%	99	762	0.00%
叹词	327	0.00%	5	418	0.00%	39	745	0.00%
合计	9 999 093	100%	95 101	10 610 615	100%	13 626	20 609 708	100%

　　从表 4-12 中数据来看，实词中，自然科学文本中的名词、数词、副词的比例都低于社会科学，其他词类的比例都高于社会科学。但是，这种区别并不明显，差别都在 3.38 以下。差别最大的实词体现在动词上，自然科学文本中动词的比例较高。自然科技文本中动词比例较高的一个重要原因是动词的名词化，即名动词现象。遗憾的是现有的标注系统还无法对汉语中的名动词现象进行分类标注，大多数名动词仍然被标注为名词。韩礼德（1989）早年对科技英语的研究表明，名词化是语义隐喻的一个重要来源，也是科技英语语体区别于其他语体的重要特征之一。由于自然语言处理技术水平的瓶颈，不能对名动词进行标注，对这个问题暂时无法进行大数据的精确统计，而少量的数据容易导

致由于语料选择的狭隘而出现偏差。因此，该问题留待今后技术进步再予以详细分析。

与实词的分布密切相关的一个变量是实词的词汇密度。实词的词汇密度是指语篇中所含的实意词的多寡。如前文所述，词汇密度较早地被用在英语的语体研究中，Jean（1969）、Halliday（1989）、杨信彰（1995）等的研究结果都表明词汇密度有助于分析英语语体的正式程度，即语体越正式，其实词的词汇密度越高。第 3 章已经对比分析了摘要的词汇密度和科技文本（正文）的词汇密度间的关系。下文对比分析不同语体的实词密度，以验证英语中的研究结果是否在汉语中有类似的表征（表 4-13）。

表 4-13　不同语体中实词密度数据表

词类	文学语体		政论语体		社会科学语体		自然科学语体	
	形符	百分比	形符	百分比	形符	百分比	形符	百分比
名词	140 102	26.73%	167 599	37.59%	3 654 345	36.55%	3 051 730	28.76%
动词	21 472	4.10%	121 112	27.16%	2 518 557	25.19%	2 404 048	22.66%
形容词	63 802	12.17%	18 241	4.09%	405 680	4.06%	360 668	3.40%
代词	17 965	3.43%	15 343	3.44%	389 645	3.90%	255 145	2.40%
数词	17 272	3.29%	12 347	2.77%	233 406	2.33%	185 432	1.75%
量词	32 932	6.28%	13 269	2.98%	179 519	1.80%	185 706	1.75%
副词	133 785	25.52%	18 658	4.18%	399 187	3.99%	281 894	2.66%
合计	427 330	81.52%	366,569	82.21%	7 780 339	77.82%	6 724 623	63.38%

实词密度即合计的百分比。从表 4-13 中的数据来看，政论语体的实词密度最高（82.21%），看来政论语体的正式程度是最高的；然后是文学语体，其实词密度为 81.25%；然后是社会科学语体，其实词密度为 77.82%；最低的是自然科学语体中的小说，其实词密度仅为 63.38%。

从社会科学语体和自然科学语体的实词密度来看，它们的差异还是比较大的，相差 14 个百分点还多。由此可见，同样是科技语体，但是其词汇密度并不相同。换句话说，在自然科学文本中使用了更多的实词来表达各种意义。这是科技语体的典型特征之一。

2. 科技文本正文中虚词的分布特征

经检索统计，得到有关虚词的相关数据，如表4-14所示。

表4-14 科技文本中虚词分布词频数据

词类	社会科学文本			自然科学文本		
	形符	形符百分比	类符	形符	形符百分比	类符
连词	508 313	2.16%	247	906 788	8.55%	198
介词	497 856	3.70%	137	920 879	8.68%	130
助词	1 192 310	10.39%	39	2 032 330	19.15%	35
语气词	19 649	2.04%	38	25 114	0.24%	42
拟声词	299	0.09%	78	463	0.00%	99
叹词	327	0.09%	35	418	0.00%	39
合计	2 218 754	18.47%	574	3 885 992	36.62%	543

从表4-14中的形符数据来看，社会科学文本和自然科学文本在虚词上也表现出差异。从总体上来看，自然科学文本中的连词和介词相对高于社会科学文本；而助词和语气词略低于社会科学文本；拟声词和感叹词基本持平。

从表4-14中的类符数据来看，社会科学文本的连词、介词、助词等的词汇丰富程度都高于自然科学文本，但是其他几类词的类符反而低于自然科学文本。经检索语料发现，在标注中对自然科学文本中的语气词、拟声词、感叹词的标注错误率比较高。这几类词的数据反映出的结果信度比较低，需要对语料的标注进行人工修正后再做详细分析。同时，虚词数量相对固定，因此当数据足够大时，可以预见，不同语体对虚词运用的类符会非常接近，因此进一步分析显得意义不大。

从总体上来看，社会科学文本在虚词上的开放度比较高，种类比较多（574），自然科学文本相对更加庄重些，在虚词的使用上相对比较拘谨，使用种类较少（543）。

上述数据基本反映了社会科学文本和自然科学文本的语言在虚词上的一些

区别。为了对比科技语体和其他语体的区别，笔者检索了其他语体的虚词数据，整理后一并列表为表 4-15。

表 4-15　不同语体中的虚词分布数据

词类	文学语体（小说）		政论语体		社会科学语体		自然科学语体	
	形符	百分比	形符	百分比	形符	百分比	形符	百分比
连词	11 340	2.16%	14 908	3.34%	508 313	5.08%	906 788	8.55%
介词	19 413	3.70%	18 709	4.20%	497 856	4.98%	920 879	8.68%
助词	54 487	10.39%	44 637	10.01%	1 192 310	11.92%	2 032 330	19.15%
语气词	10 680	2.04%	978	0.22%	19 649	0.20%	25 114	0.24%
拟声词	489	0.09%	39	0.01%	299	0.00%	463	0.00%
叹词	464	0.09%	5	0.00%	327	0.00%	418	0.00%
合计	96 873	18.47%	79 276	17.78%	2 218 754	22.18%	3 885 992	36.62%

从表 4-15 中数据可以看出：

第一，连词、介词、助词在从左到右的不同的语料中比例依次升高或呈大致升高的趋势，它们在科技语体中使用得更多。这三种词都有特定的语法功能，辅助实词共同表达一定的意义。其中，在表示因果、递进、转折等语法关系时，连词是必不可少的。正确使用连词可以增强表达的逻辑性。姚双云（2015）的研究结果表明，连词的高频使用是口语话语的一个显著特征。但实际上，科技语体中的连词使用频率也非常高。

第二，语气词、拟声词和叹词在表 4-15 的数据中大致呈从左向右递减的趋势。除了极少数分词导致的误差外，表数据基本反映了科技文本中虚词的分布特征。这几类词多和语音、语气等有关。我们在语音和语气部分已经进行了相关的具体分析，此处不再深入分析。

总之，从表 4-15 中的数据看出，不同的语体在虚词的分布上是有差异的。和实词密度的规律相反，语体越正式，其虚词的密度越高。

4.3.2　科技文本正文中的词长

词长的定义前文已经阐释，此处不再赘述。为了对比科技语体在词长上和文学语体、政论语体的区别，检索了相关数据。前文在篇名和摘要部分都统计过词长，但是那里的词长是用来和科技文本正文中词长对比以说明篇名和摘要的语体特点的，这里对比科技语体的词长与文学语体、政论语体词长之间的大小关系。

同样，这里词长仍然以汉字的个数来表示。在 PowerGREP 中用正则表达式 (?<=\s)[\u4e00-\u9fa5]{n}(?=/),n 为正整数) 来统计不同词长的汉语词个数，得到表 4-16 的数据。

表 4-16　不同语体中词长的分布数据表

语体类别	1 字词	2 字词	3 字词	4 字词	5 字以上词
自然科学文本	3 779 182	5 097 585	394 669	114 428	25 117
社会科学文本	4 491 105	6 022 463	453 484	254 114	52 908
政论语体文本	194 777	267 958	24 239	11 032	4 454
文学语体文本	369 810	206 515	18 908	6 493	406

直接从表 4-16 中的数据大致也能看出一些不同词长的词在数量上的关系，但是由于各种语体抽样标本规模不同，即总字数不同，所以没法直接比较。因此，特将其分别转化为总词数的百分比以方便对比（表 4-17）。

表 4-17　不同语体中词长的概率分布数据表

语体类别	1 字词	2 字词	3 字词	4 字词	5 字以上词	平均词长
自然科学文本	40.16%	54.17%	4.19%	1.22%	0.27%	1.69
社会科学文本	39.84%	53.42%	4.02%	2.25%	0.47%	1.74
政论语体文本	38.76%	53.33%	4.82%	2.20%	0.89%	1.77
文学语体文本	61.42%	34.30%	3.14%	1.08%	0.07%	1.44

从表 4-17 中数据可以看出，科技语体的平均词长大于文学语体文本，但小于政论语体文本。但是，从表 4-17 中数据来看，平均词长均小于 2，似乎

和现代汉语中以双音节词为主的这一事实相矛盾。实际上，这个平均词长把实词和虚词全部计算在内了，如果单计实词，则平均词长值会有所增加，因为虚词以单字词为主，所以上述数据并无问题。上述数据已经说明问题，因此不再分别计算实词和虚词的词长。另外，如果按照类符来计算词长，还将会出现另外一个结果，那将是不同词长的词的类符之比，其平均值也具有一定的代表性，但是和这里不同词长的词出现的概率的意义又不相同，因此此处不再计算。

为什么会出现表4-17中的数据结果呢？因为政论文本涉及众多机构名称、地名等，所以其平均词长明显高于其他语体。这些机构名称，例如，康涅狄格州特兰伯尔镇、政协青海省第八届委员会、华能国际电力股份有限公司、中共江西省抚州市临川区委宣传部、四川省卧龙自然保护区中国大熊猫研究中心。正是这种字数较多的专有名词的高频出现拉长了政论语体的平均词长，但这也正是政论语体的用词特点。相对于文学语体而言，科技语体为了尽量体现语言的准确性、严密性，必须尽量使用准确的词汇，那么用的字数越少，导致歧义的可能性越大。所以，其平均词长大于文学语体而小于政论语体。

表4-17中数据还表明，科技语体中，社会科学文本和自然科学文本中词长分布比例基本相同。三种语体相比，文学语体和科技语体差异最大，可以简单概括为文学语体用到的单字词最多，而自然科学语体则恰恰相反，其用到的双字词最多。这种词长的分布是自然流露出来的一种用词倾向，体现了特定语体对词的选择性。至于原因，其实比较简单，因为在口语中人们习惯于用单字词的情况比较多。而文学语体，特别是小说中，有很多词汇出现于对话中，因此增加了单字词的数量。

冯胜利（2010）认为，从单音节词到双音节词的转换也体现出语体的正式程度由低变高的过程，尤其是名词和动词。下文通过对比几类实词的词长来说明科技语体的词长特征。

不同语体中的单音节名词和双音节名词的对比如表 4-18 所示。

表 4-18　不同语体中单—双音节名词形符及其百分比对比表

语体类别	单音节普通名词	双音节普通名词	普通名词总数
社会科学语体	232 240 (8.3%)	2 252 868 (80.9%)	2 784 456
自然科学语体	310 297 (5.9%)	1 906 502 (76.5%)	2 491 532

语体类别	单音节普通名词	双音节普通名词	普通名词总数
政论语体	14 754（12.0%）	95 039（77.2%）	123 060
文学语体	29 454（32.0%）	56 788（61.8%）	91 956

从表4-18中数据可以看出，科技语体中双音节普通名词所占比例最高，多达78.8%；文学语体中双音节普通名词所含比例最低，只有61.8%；两者相差近17个百分点。同时，两者在单音节普通名词上的差距更大，达到21.7%，即文学语体使用单音节普通名词的比例更高。上述数据基本证明学者冯胜利的结论是正确的。

为进一步证明，下文对检索到的单—双音节动词的数据也做对比。经检索得到表4-19中的数据。从动词的对比情况来看，动词的长短也体现出语体差异。双音节词的比例越高，语体越正式。动词的数据比名词更加明显地证明学者冯胜利的观点是正确的。因为文学语体更加接近口语或通用汉语，所以其双音节动词的比例明显低于单音节动词。其他语体中，自然科学语体中双音节动词比例高达68.6%，政论语体和社会科学语体次之。

表4-19　不同语体中单—双音节动词形符及其百分比对比表

语体类别	单音节普通动词	双音节普通动词	普通动词总数
社会科学语体	784 452（32.0%）	1 630 241（66.4%）	2 453 863
自然科学语体	714 223（30.2%）	1 620 436（68.6%）	2 363 574
政论语体	35 917（30.4%）	80 924（68.5%）	118 179
文学语体	90 463（66.9%）	43 465（32.2%）	135 184

当然，实际在语言使用中，名词是用单音节还是用双音节还要考虑到搭配、语用等因素。不过，上述数据从总体上也能说明一定的问题。下面结合具体的词例来进行统计与对比。经检索，得到表4-20中的数据。

表 4-20　不同语体中单一双音节词例对比表

词　例	国	国　家	家	家　庭	眼	眼　睛
科技语体	11 467	41 311	3 271	5 266	507	289
政论语体	825	988	214	152	13	28
文学语体	40	44	889	79	276	333

从上述三组词例来看，有些符合冯胜利（2010）所说的结论，即正式的语体中用双音节词的频率更高，而在正式程度较低的语体中，单音节词用的频率更高些。但是，具体需要看搭配情况和语用情况，如"眼"和"眼睛"在科技语体中则出现相反的结果，"眼"出现的频率高于"眼睛"，然而在文学语体中则出现相反结果。因此，学者冯胜利所说的趋势是一种总体上的趋势，对于不同的词来讲，并非一成不变的。

4.3.3　科技语体的词类特征

前文已经分别对实词和虚词各词类进行了总体上的分析，下文对词类进行逐一分析。由于拟声词、语气词、叹词部分已经在语音中进行探讨，所以此处不再重复。这里主要通过对不同语体中的词类对比，分析科技语体的词类特征。

1. 科技语体中的名词特征

根据上文中的统计数据，名词是第一大词类，其出现的概率最高。所以，下文先分析名词的语体特征。

人们往往因谈论的对象不同而用不同的名词，这是一个最基本的事实。但是一般认为，同样是名词，同义词或近义词在不同的语体中有不同的表现。这不仅是语体差异的一方面，也是韩礼德等在语域研究中指出的一个重要语言特点。既然这已经是不争的事实，本书就不再将这一点作为研究的重点，而是重点分析不同语体中的高频词的分布特点。

在不同的语体中，最高频的词汇一定是共性的常用词汇，那么这些词汇虽然不能作为该类语体的区别性特征，但是其高频出现本身就是该语体与其他语体的差异的一个方面。下文将不同语体中出现的频率最高的 10 个词列表（表4-21）。

表4-21　不同语体中的高频名词列表

名次	1	2	3	4	5	6	7	8	9	10
自科语体	图	时	方法	模型	结果	数据	时间	过程	表	问题
社科语体	经济	企业	国家	社会	市场	政府	政策	问题	知识	人
政论语体	人	经济	问题	社会	企业	国家	人民	国	群众	干部
文学语体	人	雨林	时	小姐	事	先生	家	话	车	脸

如果将表4-21中高频词汇归类，会发现，自然科学语体更关注的是科学研究相关东西，这种词汇弥漫在整个自然科学语体文本中，构成自然科学典型的话题。

王德春和陈瑞瑞（2000）认为，方位名词在科技语体中出现的频率（概率）高于其他语体，且相对稳定。但是，他们对比的是报道语体和事务语体，为了对他们的观点进行验证，经检索得到如下数据（表4-22）。

表4-22　不同语体中方位名词的分布数据表

语体类别	方位名词形符数	方位名词类符数	语料库总词数	方位名词概率
社会科学语体正文	244 143	152	11 512 370	$2.12e^{-2}$
自然科学语体正文	216 247	179	10 426 739	$2.07e^{-2}$
政论语体文本	8 959	128	512 468	$1.75e^{-2}$
文学语体文本	12 130	135	603 258	$2.01e^{-2}$

表4-22中数据说明，在科技语体中，方位名词出现的概率高于政论语体和文学语体中的小说文本。但是，小说中的方位名词出现的概率和自然科学语体非常接近。实际上，在组建科技语体正文语料库时，笔者对摘要等项目进行了删除，以便正文和摘要对比。如果将摘要算进去（前文第3章已经进行分析），则科技语体中的方位名词出现的概率将比其他语体更大。

经上述数据验证，王德春和陈瑞瑞的结论是正确的。也就是说，方位名词的高频出现是科技语体的重要的区别性特征之一。这与科技语体中人们重视语言准确、严密有关，因为方位名词多数是用来表示事物的处境和条件等因素的。

2. 科技语体中的代词特征

语体视角下的代词研究在一般的文献中较少涉及，前文第 3 章中已经进行综述。只有少数语体学的专著中有所涉及。比如，王德春和陈瑞瑞（2000）认为，科技工作者往往在科技论文中阐述科学、自然、实验等的事实，因此更多地使用物称代词，较少使用人称代词。那么科技语体中是否如此，前文（第 3 章）已经统计了论文摘要中的代词，证明的确存在这种现象，下文通过对不同语体中人称代词和物称代词的检索与统计，进一步验证王德春、陈瑞瑞的观点。

物称代词通常用"它""它们"。但是，也有的用"其"或其他，同时"其"也可以用来指人。下文以物称代词"它""它们"为例，以人称代词"他""他们""她""她们""我""我们""你"和"你们"为例来进行对比。"其"既可以是人称代词，也可以是物称代词，且往往可作属格，这里也一并进行了统计。数据如表 4-23 所示。

表 4-23　人称代词、代词"其"物称代词统计表

语体类别	人称代词及其概率		物称代词及其概率		代词"其"及其概率		总词数
自然科学语体	29 713	$2.85e^{-3}$	13 268	$1.28e^{-3}$	26 262	$2.52e^{-3}$	10 426 739
社会科学语体	75 970	$6.60e^{-3}$	23 951	$2.08e^{-3}$	34 210	$2.97e^{-3}$	11 512 370
政论语体	4 193	$8.18e^{-3}$	340	$6.63e^{-4}$	582	$1.14e^{-3}$	512 468
文学语体	38 945	$6.46e^{-2}$	376	$6.23e^{-4}$	45	$7.45e^{-5}$	603 258

根据表 4-23 中的数据，从总体上来看，科技语体中的人称代词使用率低于政论语体和文学语体，文学语体中用人称代词的概率最高。物称代词则恰恰相反，科技语体中物称代词出现的概率高于政论语体和文学语体。这种现象有客观的原因。就科学研究来讲，研究的对象往往是客观的事物，所以使用物称代词的概率高些。政论语体、文学语体往往谈论的是人之间的问题，所以物称代词相对较少。这些数据结合第 3 章中摘要中人称代词和物称代词的数据进一步说明，陈瑞瑞和王德春（2000）的观点是正确的。

另外，代词"其"在科技语体中出现的概率也远远高于在政论语体和文学

语体。"其"是个正式化、书面化程度较高的代词，"其"也是个古汉语中常用的代词，带有一定的文雅色彩。因此，"其"在科技语体中使用得较多，在比较注重语体美学效果的社会科学语体中更是使用概率达到最高。而文学语体，尤其是现代小说中，多以口语化的语言为主，所以"其"出现的概率最小。

总之，从代词的使用上来看，科技语体使用物称代词的概率高于政论语体和文学语体；科技语体使用人称代词的概率低于政论语体和文学语体。但是，自然科学语体和社会科学语体之间略有差异。这既体现了范畴成员之间的相似性，也体现了范畴成员之间的地位的不平等。

3. 科技语体中的动词特征

动词具有多种语法功能，对语体也有重要影响。前文第三章中已经对语体视角下的动词研究进行综述，这里不再重述。下文重点分析科技语体中动词的特点。

在前文的研究中，笔者发现以"化"结尾的动词的高频出现是科技论文摘要的一个特点。因此，这个特点也有可能是科技语体区别于其他语体的特点之一。笔者进一步对以"化"结尾的动词在不同语体的语料库中进行检索，得到表 4-24 中的数据。

表 4-24　科技语体中以"化"结尾的动词分布及对比数据表

语料来源	以"化"结尾的动词形符	以"化"结尾以动词类符	普通动词总数	以"化"结尾的动词的比例
自然科学语体	45 275	983	2 364 566	1.91%
社会科学语体	42 879	1 193	2 453 930	1.75%
政论语体	1 289	143	118 178	1.09%
文学语体	89	34	135 169	0.07%

从表 4-24 中数据来看，自然科学语体中以"化"结尾的动词含量最高，社会科学语体次之，政论语体中明显减少，最少的是文学语体。因此，以"化"结尾的动词的高频出现是科技语体在动词方面区别于其他语体的重要特征之一。

前文第 3 章中对摘要中的准谓宾动词的分布情况做了分析，结果表明摘要中双音节准谓宾动词出现的概率高于科技语体正文。这里用类似的方法，笔者检索了不同语体中的双音节准谓宾动词的几个例词的分布情况，如表4-25 所示。

表 4-25　不同语体中双音节准谓宾动词的对比数据

语料来源	进 行	加 以	受 到	予 以	给 以	合 计	语料规模	总体概率
自然科学语体	10 756	981	525	282	24	12 568	9 410 981	$1.34e^{-3}$
社会科学语体	5 804	1 671	734	490	34	8 769	11 274 074	$7.78e^{-4}$
政论语体	365	32	34	41	1	473	512 468	$9.23e^{-4}$
文学语体	11	4	3	1	0	19	603 258	$3.15e^{-5}$

从表 4-25 中的数据对比可以看出，"进行"在双音节准谓宾动词中，无论任何语体，其出现次数都是最多的。从总体上来看，类符的变动比较小。因此，类符的出现次多因语体而出现差异的可能性较小。

从表 4-25 中例词出现的概率来看，准谓宾动词在自然科学语体中出现的概率最高，然后是政论语体，自然科学语体和政论语体比较接近。但是，以现代小说为主的文学语体和上述三种语体中例词出现的概率相差悬殊。参照前文摘要的数据来看，摘要中的双音节准谓宾动词出现的概率高于表 4-25 中的任何一种语体。

综合来看，科技语体中较多使用双音节准谓宾动词，这是其语体特征之一。然而，学界对准谓宾动词的研究尚不深入，无法进行数量上的详细统计。上述分析只能作为一个案例，仅供参考。

4. 科技语体中的形容词特征

前文第 3 章中，笔者就学界对形容词在语体视角下的研究进行了综述，并对状态形容词进行了对比分析。

用同样的方法，笔者检索了不同语体中状态形容词的概率分布，观察科技语体在状态形容词使用方面的特征，数据如表 4-26 所示。表 4-26 中数据清晰地表明，在文学语体中状态形容词出现的概率最高，政论语体次之。科技语体中，社会科学语体和自然科学语体在状态形容词使用上，概率相差悬殊。

表 4-26　不同语体中状态形容词的概率分布数据表

语料来源	状态形容词形符	状态形容词类符	语料规模	总体概率
自然科学语体	623	85	9 410 981	$6.62e^{-5}$
社会科学语体	1 511	162	11 274 074	$1.34e^{-4}$
政论语体	127	60	512 468	$2.47e^{-4}$
文学语体	710	183	603 258	$1.18e^{-3}$

　　结合前文第 3 章中数据，综合说明，在科技语体中，状态形容词使用概率极低。朱德熙（1982）认为，状态形容词具有明显的描写性。然而，科技语体重在说明、分析和论证。因此，状态形容词在科技语体中使用概率自然较低。本质上，这是由科技语体自身的功能属性决定的。社会科学语体中，状态形容词使用的概率相对较高，这是由于社会科学和自然科学本来分析的对象不同，采用的论证方法也不同。社会科学学者对某些现象难免要使用描写的方法分析，较多地使用了状态形容词。因此，社会科学语体和自然科学语体作为科技语体的成员，具有范畴成员的相似性，但是自然科学语体显然是核心成员，而社会科学语体则是趋于边缘化的成员。

　　5. 科技语体中的数词特征

　　一般认为，数词使用较多被认为是科技语体的特征之一。事实情况如何，需要通过数据对比来验证。经检索得到表 4-27 中的数据。

表 4-27　不同语体中的数词数据表

语料来源	阿拉伯数字频数及密度		汉字数词频数及密度		数词总频数及密度		总词数
自然科学语体	276 770	$2.65e^{-2}$	202 101	$1.94e^{-2}$	478 871	$4.59e^{-2}$	10 426 739
社会科学语体	100 092	$8.69e^{-3}$	251 788	$2.19e^{-2}$	351 880	$3.06e^{-2}$	11 512 370

语料来源	阿拉伯数字频数及密度		汉字数词频数及密度		数词总频数及密度		总词数
政论语体	4 454	$8.68e^{-3}$	14 621	$2.85e^{-2}$	19 075	$3.72e^{-2}$	512 468
文学语体	373	$6.18e^{-4}$	18 339	$3.04e^{-2}$	18 712	$3.10e^{-2}$	603 258

通过表 4-27 中的数据可以看出，自然科学语体和社会科学语体中阿拉伯数字的密度高于政论语体、文学语体。但是，汉字数词的密度是按自然科学语体、社会科学语体、政论语体、文学语体的顺序逐步升高的，即科技语体中汉字数词的密度低于政论语体和文学语体。

从总体上来看，科技语体在数词方面的特点是阿拉伯数字多，汉字数词相对少。这与科技语体的功能相适应。科技语体是为了说明科技实验或研究过程的，难免用到的数词多。但是，汉字数词写起来比较复杂，而且不够醒目，而阿拉伯数字写起来比较便捷，且在汉字环境中显得显眼，具有突出强调数字准确性的特点。这就是为什么科技语体中多用阿拉伯数字的原因。

从数词的总体密度看，自然科学语体中数词密度最高，这与自然科学和数学有密切联系有关。而政论语体的数词密度高于社会科学语体数词的密度。这与政论语体也经常用数字来说明政治、社会、经济的等问题有关。文学语体的数词密度接近社会科学语体的数词密度，这与小说选取的语料有关，不同的小说因题材的差异，其数词的密度也不相同。而社会科学语体总体上数词密度非常低与社会科学的性质又是分不开的。社会科学中文学、历史、哲学等语域的语言可能所含数词的比例非常低。但是，经济学、政治等语域的语言则有的数词密度会高些。

6. 科技语体中的量词特征

量词分为普通量词和量词的重叠式。前文已经在语音部分分析了量词的重叠式的语体差异。普通量词在不同语体中是否存在差异，下面通过数据说明。经检索得到表表 4-28 中数据。

表 4-28　摘要和科技语体正文中的量词数据表

语料来源	量词总形符	量词总类符	非汉字量词	量词密度	总词数
自然科学语体	197 337	358	11 890	$1.89e^{-2}$	10 426 739
社会科学语体	177 450	329	149	$1.55e^{-2}$	11 479 370
政论语体	13 080	284	2	$2.56e^{-2}$	511 363
文学语体	17 025	285	1	$2.82e^{-2}$	603 229

从表 4-28 中数据来看，自然科学语料中量词的密度高于社会科学语料。这主要是因为自然科学和数学联系密切，自然科学研究大多和数量相关。因此，自然科学语体中含有更多的数词和量词。这与上节分析的结果——自然科学语体中含有较多的量词相对应。

同时，从形符数据来看，科技语体中的量词种类（类符）多于政论语体和文学语体。这也是科技语体涉及更多复杂的物理、化学等量度决定的。另外，科技语体含有更多的非汉字量词，如 kg、km 等。

但是，科技语体与政论语体、文学语体相比，量词密度相对较低。也就是说，在科技语体中，虽然数词密度高，但是量词的密度没有政论语体和文学语体的量词密度高。这种差异证明，科技语体中，数词和量词搭配使用的情况比较少。因此，下文通过统计数词和量词的搭配来验证这个推论是否正确。

表 4-29 中数据是根据"名词 + 数词"的标注特点，用正则表达式"\s\w+/m\s\s\w+/q\s"检索而来。实际上"数词 + 量词"是两个词的组合，但是这里计算密度按一个合成结构计算，目的是为了对比这种结构在不同语体中的概率。

表 4-29　"数词 + 量词"的统计数据

语料来源	"数词 + 量词"形符	"数词 + 量词"密度	总词数
自然科学语体	148 528	$1.42e^{-2}$	10 426 739
社会科学语体	147 137	$1.28e^{-2}$	11 479 370
政论语体	10 601	$2.07e^{-2}$	511 363
文学语体	11 932	$1.98e^{-2}$	603 229

通过表 4-29 中检索到的数据可以看出，在政论语体和文学语体中，数词和量词搭配使用的概率高于科技语体。也就是说，科技语体中含有较多的数词和非量词搭配使用的情况。用正则表达式"(?<=\w+/m\s\s\w+/)\w+(?=\s)"检索数词后面出现此类的词性标注码，得到结果表明，除了量词以外，最多的依次是名词、动词等。因此，自然科学语体在使用数词时，搭配结构远比其他语体复杂。

总之，科技语体中使用数词较多，但量词相对较少是科技语体区别于政论语体、文学语体的重要特征之一。

7. 科技语体中的副词特征

一般认为，副词是介于实词和虚词之间的一类词。副词具有较强的功能意义，所以在各种语体中都比较常见。但是，笔者查阅相关文献发现，副词在语体中的特征尚无学者进行研究。前文在音韵部分已经分析了副词重叠式的功能。这里先对副词分布概率进行检索统计，数据如表 4-30 所示。

表 4-30　摘要中的普通副词分布概率及对比数据表

语料来源	普通副词总形符数	普通副词总类符数	总词数	普通副词密度
自然科学语体	280 187	645	10 426 739	$2.69e^{-2}$
社会科学语体	396 758	751	11 479 370	$3.46e^{-2}$
政论语体	18 559	650	511 363	$3.63e^{-2}$
文学语体	32 825	811	603 229	$6.44e^{-2}$

从表中 4-30 数据来看，无论自然科学语体还是社会科学语体，其普通副词（不包括重叠式）出现的概率都没有政论语体、文学语体高。摘要的语体更加正式，前文第 3 章中的数据表明，摘要中的副词出现的概率更低。这说明，副词因语体正式度的提高而适量消减。

但是，究竟哪类副词消减了，无法进行有有效的计算。因为现在的分词标注系统对副词还无法进行有效的分类标注。笔者试图从副词的音节多少的角度来分析语体和副词的音节数有没有关系，经检索得到表表 4-31 中的数据。

表 4-31　不同音节数的普通副词分布及对比数据表

语料来源	单音节普通副词		双音节普通副词		三音节普通副词		多音节 (≥ 4) 普通副词	
自科正文	154 457	55.14%	119 649	42.71%	5 947	2.12%	84	0.03%
社科正文	201 931	50.90%	183 635	46.29%	10 879	2.74%	241	0.06%
政论语体	9 787	52.79%	8 420	45.37%	338	1.82%	14	0.08%
文学语体	18 194	55.43%	13 730	41.83%	843	2.57%	58	0.18%

通过表中的数据发现，多音节副词的使用频率随着语体的正式程度加强而减少。但是，其他音节的副词没有规律性。总体上来看，上述各语体都是随着音节数的递增，概率递减。这跟副词的属性有关。许多先贤和当代的学者都认为副词是介于实词和虚词之间的一种词类，往往既有实际意义，也具备一定的语法功能。单音节副词往往使用起来更加高效。所以，有的副词甚至合音而成为单音节副词，如"没有"合音为"冇"、"不用"合音为"甭"、"不要"合音为"覅"等。当然，合音后有点词可能不一定再是副词。因此，副词和名词、动词并不相同，在正式语体中，并不以双音节副词来体现正式。

实际上，副词也可以分为不同的类别，如时间副词、程度副词、范围副词、否定副词等。但是，现在的标注系统没有详细的标注。中国传媒大学的标注系统对否定副词进行了进一步的标注。第 3 章已经介绍，这里用同样的方法检索出不同语体中否定副词的分布，数据如表 4-32 所示。

表 4-32　否定副词的分布及对比数据表

语料来源	否定副词形符	频率前 5 的例词	否定副词类符	总词数	否定副词概率
自科正文	54 415	不、没有、非、未、难以	27	10 426 739	$5.22e^{-3}$
社科正文	90 629	不、没有、非、难以、未	27	11 479 370	$7.89e^{-3}$
政论语体	2 937	不、没有、未、难以、非	26	511 363	$5.74e^{-3}$
文学语体	10 655	不、没、没有、别、非	27	603 229	$1.77e^{-2}$

从表中数据来看，科技语体中否定副词的频率不高，尤其是自然科学语体，否定副词的概率最低。第 3 章中的数据反映出，摘要中否定副词的使用概率更低。文学语体中否定副词的使用概率最高，而且"没""别"等比较口语化的否定副词的使用频率名列前茅。政论语体中的否定副词居于中等。

总体而言，否定副词在不同的语体中使用概率不同，语体越正式，则否定副词的使用概率越低。这个趋势和副词的整体趋势大致相同。自然科技语体相对而言较为正式，因此否定副词的使用概率比较低。社会科学语体相对比较自然，所以否定副词的使用概率略高。

8. 科技语体中的介词特征

语体视角下的介词研究正受到越来越多的重视，这点本书已经在第 3 章进行了综述。第 3 章中对比分析了科技论文摘要中介词的概率分布，下面对比科技语体和政论语体、文学语体中介词的概率分布情况。经检索，得到介词在不同语体中的数据，如表 4-33 所示。

表 4-33　科技语体中的介词分布及对比数据表

语料来源	介词形符	频率由高到低的例词	介词类符	总词数	介词概率
自科正文	393 091	在、对、由、为、从、用、将、于、以、当	72	10 426 739	$3.77e^{-2}$
社科正文	463 642	在、对、从、以、为、于、由、把、向、通过	79	11 479 370	$4.04e^{-2}$
政论语体	17 723	在、对、为、以、从、把、向、于、由、和	72	511 363	$3.47e^{-2}$
文学语体	19 099	在、把、对、跟、向、从、给、和、被、往	76	603 229	$3.17e^{-2}$

从表中数据来看，科技语体中含有介词的概率略高于政论语体和文学语体。结合第 3 章中的数据，可以看出，语体越正式、越严谨，则介词的使用概率越高；反之，则越低。因此，介词使用频率的高低与语体有一定的关系。

同样地，笔者也将统计不同语体中不同音节数的介词的概率分布情况。经检索，得到表 4-34 中的数据。

表 4-34 科技语体中不同音节数的介词及对比数据

语料来源	单音节介词			双音节介词			合 计
	形符	百分比	类符	形符	百分比	类符	形符
自然科学	343 253	87.32%	46	49 838	12.68%	32	393 091
社会科学	415 079	89.53%	51	48 563	10.47%	33	463 642
政论语体	16 343	92.21%	47	1 380	7.79%	25	17 723
文学语体	18 344	96.05%	50	755	3.95%	26	19 099

根据表中数据，总体上来看，科技语体中双音节介词的使用频率相对较高，而政论语体中相对降低，文学语体中双音节几次的概率最低。结合第 3 章中摘要的相关数据，发现语体越正式、越严谨，则介词使用的概率越高；反之，则越低。

实际上，在不同的语体中，高频使用的词汇本身也在体现语体的特点。上面表中已经列出了部分各语体的高频介词，为了更加清楚地了解介词的实际使用情况，笔者将不同语体中的介词列表于附录 11，以供参考。

9. 科技语体中的连词特征

连词起连接作用，具有重要的语篇连贯功能。作为一种虚词，连词的数量（类符）是相对固定的，即属于封闭词类。当前，在语体视角下对连词的研究呈渐热趋势，前面已对姚双云（2015）等的研究进行综述，并对摘要中的连词分布进行了分析。下面来分析科技语体和其他语体在连词分布方便的差异。

经检索得到表 4-35 中的数据。

表 4-35 连词在科技语体中的分布及对比数据表

语料来源	连词形符	连词类符	高频例词	总词数	连词的概率
自然科学正文	398 475	120	和、及、则、与、而	10 426 739	$3.82e^{-2}$
社会科学正文	508 313	144	和、而、与、但、或	11 479 370	$4.43e^{-2}$
政论语体	14 908	126	和、而、与、并、但	511 363	$2.92e^{-2}$
文学语体	11 340	128	和、而、但、可是、那	603 229	$1.88e^{-2}$

根据表中的数据，总体而言，科技语体中连词的使用概率高于政论语体、文学语体。同时，自然科学语体中的连词使用概率略低于社会科学语体。作为语篇衔接的重要手段，连词使用概率的高低也直接决定着语篇的连贯程度。

自然科学中往往依靠实验数据来说明问题，而社会科学则往往需要靠逻辑、思辨来对文体进行论证。所以，社会科学正文中大量使用连词。

连词作为一种虚词，和前面讲的介词在形态上的最大差异之一就是连词不但双音节词较多，而且连词中还有三音节、四音节等多音节连词。那么，连词在音节上是否存在语体差异，下面通过数据来进行分析。经检索与换算得到下表中的数据（表 4-36）。

表 4-36　科技语体中不同音节的连词对比数据表

语料来源	单音节连词			双音节连词			多音节连词		
	形符	百分比	类符	形符	百分比	类符	形符	百分比	类符
自然科学正文	287 660	72.19%	25	109 812	27.56%	107	1 003	0.25%	17
社会科学正文	355 146	69.87%	32	150 546	29.62%	117	2 634	0.52%	22
政论语体	11 685	78.38%	30	3 183	21.35%	86	40	0.27%	10
文学语体	5 402	47.64%	28	5 874	51.08%	90	64	0.56%	10

根据表中的数据，总体而言，在科技语体中，双音节连词及多音节连词的使用概率明显多于政论语体，但是低于文学语体。由此可见，连词的使用概率因语体而不同，但是上表中的数据体现不出明显的规律性。

实际上，连词可以分为不同类型，如并列连词、从属连词、转折连词等，但是由于标注系统不能将连词进行分类标注，这就在很大程度上制约了分析的细化程度，期待今后有更深层次的标注系统。

总之，不同的语体在连词使用的概率上表现出较大的差异。

10. 科技语体中的助词特征

王德春和陈瑞瑞（2000）认为，结构助词"的"在科技语体中的使用频率远高于报道语体和事务语体。为了对王、陈的观点进行验证，同时要观察结构助词"的"的使用频率是否比文学语体和政论语体要高,下面将通过数据来说明。经检索得到表 4-37 中的数据。

表 4-37 不同语体中结构助词"的"的数据

语体类别	方位名词形符数	语料库总词数（形符）	方位名词形符概率
社会科学	935 252	11 512 370	$8.12e^{-2}$
自然科学	682 251	10 426 739	$6.54e^{-2}$
政论语体	32 364	512 468	$6.32\,e^{-2}$
文学语体	30 028	603 258	$4.98\,e^{-2}$

表中数据说明,在科技语体中,结构助词"的"的使用概率高于政论语体和文学语体。但是,政论语体中的结构助词"的"使用概率和自然科学语体非常接近。实际上,在组建科技语体文本语料库时,为了区别摘要和标题,已经对摘要和标题进行了删除。第 3 章中的数据表明,摘要中的结构助词"的"的使用概率更高。所以,总体数据表明,王德春和陈瑞瑞的结论是正确的。也就是说,结构助词"的"的高频出现是科技语体的重要的区别性特征之一。结构助词"的"往往用来构成概念意义的定语结构,也就是用来连接修饰语和名词。定语的修饰限定使语言更加精确,因此科技语体的这种多"的"特征正是和科学技术追求精确特点相适应的结果。

4.3.4 词汇的正式与文雅

词汇的文雅与正式是靠使用不同的词汇来实现的。比如,文言词汇比白话词汇显得文雅;书面词汇比口语词汇显得正式。但是,文言词汇与白话词汇,书面词汇与口语词汇,其间并没有明显的形态差异,也没有统一的标准。因此,基于语料库的研究无法将这两组概念从计量的角度进行分析。下面通过两个例案,对其进行抽样分析。

文言词与白话词是体现语体正式与文雅的一个重要表征。科技文本多用书面语词汇,科技类文本特有的词汇即科技词汇、专业术语等,也多用长句。书面语和口语词汇的对照如表 4-38 所示。

表 4-38　书面与和口语词汇对照表

类　别	书面语	口　语
词例	与	和、跟
	此	这
	彼	那
	于	在
	为	是、作
	之	的
	设 / 若……则…….	如果……那么……
	愈……愈……	越……越……
	由……至……	从……到……

其实，介词也能体现出语体的差异，如介宾短语的类链接"在……里""在……中""于……里""于……中"等的频率分布就是不同的，如表4-39所示。

表 4-39　介词类链接的频率分布

语体类别	在……里		在……中		于……里		于……中	
科技语体	6 001	9%	63 686	91%	259	3%	9 067	97%
政论语体	1 144	78%	329	22%	6	5%	109	95%
文学语体	1 370	74%	487	26%	13	32%	27	68%

根据表中数据，对于第一组类链接"在……里 / 中"，科技语体中体现出和政论语体、文学语体截然相反的特点。"在……中"明显比较文雅和正式，所以在科技语体中用的频率最高，达到91%，这与科技语体面对的对象有关，科技语体大多数情况下面对的都是科技人员和学术群体。政论语体和文学语体则恰恰相反，它们面对的对象是大众，所以更多地用到了"在……里"这一比较通俗的词语。功能语言学的语域理论可以很好地解释这一现象，即语场、语

旨的不同决定了语式的区别。面对的对象不同，即语旨的不同，导致在语体上用词的差异。

根据表中数据，总体上看，"于……里"在三种语体中出现的频率都是最低的。介词"于"属于比较典雅的介词，在口语中比较罕见；方位词"里"相对于"中"是比较口语化的词汇，两者搭配其实是不太和谐的，但是也偶尔有出现。"于……中"带有一定的文言色彩，明显比较正式和典雅，其出现的频率在各种语体中都高于"于……里"。从这一组词汇的两种形式的百分比来看，悬殊最大的是科技语体，也就是说科技语体最为正式，然后是政论语体，文学语体则显得比较随意。

可以看出，在科技语体中，表示同样意思的四个介词类链接，"在......中"的使用频率最高，与之形成对比的是，在政论语体与文学语体中恰恰相反。这体现了正式程度与文雅程度的差异。当然，词汇的正式与文雅还可以通过其他词语体现，此处不再深入分析。

4.4　科技文本的语句特征

句子因不同的分类标准可以分为不同的类型。下面根据几种常见的句子分类标准，对科技语体中的句子类型进行统计。

4.4.1　科技语体的语气类型

就语气而言，一般可以分为四种类型，即陈述句、疑问句、祈使句、感叹句。祈使句没有明显的形态标记，无法统计。下面主要通过句号、问号、感叹号来统计三类句子的比例关系。

从表4-40中数据可以看出，自然科学和社会科学的句子语气类型相对比较单一，陈述句占了绝大多数。疑问句和感叹句（包括陈述句）的比例在政论语体中都明显的增加，但在文学语体（小说）中则明显增强。

表 4-40　不同语体中句子类型对比数据表

语料来源	陈述句及其概率		疑问和祈使句及其概率		感叹句及其概率	
自然科学文本	416 598	97.53%	8 782	2.06%	1 786	0.42%
社会科学文本	327 425	98.87%	3 044	0.92%	691	0.21%
政论语体文本	26 534	96.87%	565	2.06%	292	1.07%
文学语体文本	27 075	74.83%	5 170	14.29%	3 937	10.88%

为了详细对比科技语体与其他语体在语气上的差异，下面对更大的语料库和更多的语体进行对比。以下以"。"代表陈述语气，"？"代表疑问语气或祈使语气，"！"代表感叹语气。笔者基于 BCC 语料库，对这三种标点符号在不同语体的语料进行了统计对比。因为各种语体的语料规模（字数）并不相同，所以直接比较频数没有意义，但是三种标点的频数比例能明显反映出各种语体在句子语气类型的分布情况。

由表 4-41 中数据可以看出，科技语体文本中陈述句的比例最高，如陈述句是疑问句或祈使句的 70 705 倍以上，对应的数字远远高于其他几种语体。因此，可以说，科技语体主要用到陈述句，极少使用疑问句、祈使句和感叹句。

表 4-41　BCC 语料库中句子类型分布数据表

标点符号	科技语料	微博语料	报刊语料	文学语料	综合语料
。	77 210 220	50 672 852	16 953 890	39 858 030	61 141 301
？	1 092	8 629 661	477 638	6 699 047	6 434 134
！	745	35 020 829	440 575	6 873 507	16 648 554
？！	2 118	424 879	4 309	78 874	198 357
！？	167	80 249	561	16 553	41924
语料规模	30 亿字	30 亿字	20 亿字	20 亿字	10 亿字

另外，在其他语体中越来越流行使用感叹号和问号的组合使用，这里一并对它们的使用情况进行了统计。同样是从比例上来对比，结果证明，科技语体极少使用这种组合使用的标点。

4.4.2 句子的结构类型

科技文本对客观事物的描述要求精确与严密，所以往往在句法上也体现出一定的复杂性。为达到精确性和严密性的要求，中文科技文本经常使用含有许多定语、状语、补语等附加语法成分、语法结构比较复杂、表达具体严密而信息量较大的单句句式。

为了使语言更加严谨、缜密，在科技语体中往往使用更多的复句。关于复句没有现成的标注工具与软件可以进行量化的统计。笔者查阅资料发现，有不少学者都对科技语体中复句的比例进行过统计。比如，范晓（1987）统计结果为48%；黎运汉（1989）的统计结果为66.2% ~ 68%。由于没有找到更加准确、便捷的统计方法，再加上人工统计的语料有限，在样本的选择上往往又有很大的主观性，所以笔者并未对该问题进行重复性的人工统计。对此问题，需待自然语言处理技术达到可以对单复句进行自动识别后，再进行量化统计与对比。

另外，复句的层次越多，句子越复杂，虽然有些句法分析标注系统可以进行树形标注与分析，但无法进行有效的多重复句的统计，这些问题也有待进一步研究。

因此，根据对语料的观察和前人的研究结果来看，科技语体为了更加准确、严密、有序地表述科学问题，较多使用复句。这也正是科技语体的一个重要语言特征。

4.4.3 科技语体的句长

前面对句长的相关问题进行了分析，下面通过统计不同的语体进行对比。检索结果如表4-42所示。

表4-42 不同语体句长的统计数据表

语料来源	总句数	汉字总数	字符总数	句　长
自然科学文本	399 290	15 942 049	23 370 746	40个汉字，或59个字符

语料来源	总句数	汉字总数	字符总数	句　长
社会科学文本	513 474	19 631 511	24 071 492	38 个汉字，或 47 个字符
政论语体文本	28 415	889 870	1 086 135	31 个汉字，或 38 个字符
文学语体文本	37 439	869 048	1 071 338	23 个汉字，或 29 个字符

汉字总数的计算以句号、问号、感叹号、分号来统计。也就是说，将这些符号算为一个完整句子的标记。但是，句子长度的统计均不含标点符号，仅计算字符。从实际意义上考虑，句长取整数，也便于比较。

根据上表，无论以汉字计算，还是以字符计算，自然科学语体的句长都是最长的，然后是社会科学语体、政论语体和文学语体。从某种程度上来说，句长和语体的正式度有关系。句子越长，正式度越高。

另外，从句长的字符数和汉字数的差距来看，自然科学相差 19，社会科学相差 9，政论语体相差 7，文学语体相差 6。这个数字说明，自然科学文本里含有大量的非汉字字符，其含量远远大于其他语体。这与自然科学的学科性质有关，因为自然科学难免会用到一些表示元素、分子、运算等方面的字符。这也是自然科学语体的重要特征之一。

总体上来看，句长也反映出不同的语体范畴之间在语体上差别比较大。但是，语言是复杂的，语言的各种变量都涉及人为的因素。同样是科技语体，不同的人写出来的科技文本的句子长度又有着差异。总体上的特征并不能表示千篇一律。因此，语体范畴之间的边界还是模糊的，而且是可以移动的。换句话说，语体范畴的边界不是精确的和一成不变的。事实上，无论语言系统，还是言语交际，或言语作品都充满了模糊性。语体作为一种语言的社会变体，毫不例外。

4.4.4　科技语体的语态类型

由于前面中对科技论文摘要的语态进行了分析，所以此处不再论述检索方法，详细参看第 3 章的 3.4。同样的方法，这里以"被"字句为例来分析科技语体中是否含有更多的被动语态。表 4-43 是检索到的数据。

表 4-43　摘要语言中的"被"字句频数表

项目类别	社会科学	自然科学	政论语体	文学语体
带施事的"被"字句	4 844	3 181	257	423
省施事的"被"字句	7 696	6 244	335	311
合计	12 540	9 425	592	734

从表 4-43 中数据可以看出，含介词"被"的"被"字句，即带有施事的"被"字句在科技语体中比例较低；从科技语体到政论语体，再到文学语体，依次增高。

为了更加清楚地观察这个趋势，笔者将上表中数据转化百分比概率，如表 4-44 所示。

表 4-44　不同语体中"被"字句的类型概率

项目类别	社会科学	自然科学	政论语体	文学语体
带施事的"被"字句	38.6%	33.8%	43.4%	57.6%
省施事的"被"字句	61.4%	66.2%	56.6%	42.4%

带施事的"被"字句通常为了突出事件是施事和受事之间的关系，省略施事的"被"字句则只是表示某种遭遇或结果。相对而言，如果使用了省略施事的"被"字句则表示根据语境不需要说明施事是什么，而只强调受事的某种结果，而且句子显得更加简练。因此，从带施事"被"字句的比例来看，科技语体中明显较少。反之，省略了施事的"被"字句概率较高，且通常是为了描述某种实验或事件的客观结果。这正是科技语体的特点之一，即不强调人为的因素，突出事件的结果。这也是科技语体为了强调其客观性的一种表现。

为了统计"被"字句在摘要和正文中的出现概率，笔者对上述数据进行了运算和处理，得到如下数据（表 4-45）。

表 4-45　"被"字句的概率分布表

项目类别	社会科学正文	自然科学正文	政论语体	文学语体
句子总数	513 474	399 290	28 415	37 439

项目类别	社会科学正文	自然科学正文	政论语体	文学语体
"被"字句数	12 540	9 425	592	734
概率	2.44%	2.36%	2.08%	1.96%

　　表中数据表明，在科技语体中，"被"字句的概率高于政论语体和文学语体。这和英语中的情况类似，即为了强调事物的客观性，在科技语体中较多地使用被动语态，从而省略了施事，也即从字面上省略了人的介入。虽然"被"字句并不能代表所有的被动句，但是作为被动句的典型代表，通过其数据足以窥见科技语体中被动语态分布之一斑。

4.5　科技语体的语篇特征

　　语篇的语体因素有很多，如衔接手段、连贯程度、体裁等。衔接手段包括词汇、语法等，衔接得当，连贯程度自然会比较好。体裁主要指篇章结构。下面主要从科技语体的衔接手段和篇章结构来分析科技语体的特征。

4.5.1　科技语体的篇章结构特征

　　科技语体包括众多不同的体裁，如实验报告、学术论文、科学专著、科普文章、科技教材等。每种体裁都有不同的篇章结构特征。这里不再一一分析，以学术论文为例来分析其语篇结构特征。

　　实际上，篇章的结构与信息结构有关。功能语言学派对信息结构进行了较为系统的研究，包括信息与信息单位、语调与信息结构、句法结构与信息结构、主位结构与信息结构等。事实上，宏观上的篇章结构也是由信息结构决定的。比如，一般地，学术论文的引言、文献综述等就是提供已知信息的一个途径，而研究过程、数据分析、研究结论等则是波浪式推进的信息流动，是一个不断地由已知信息引入新的信息的过程。

　　最能体现科技语体特征的文本之一便是科技论文。科技论文，在这里也包括自然科学论文和社会科学学术论文。科技论文有着自身的篇章结构特征。这些特征体现在诸多方面，包括篇章的结构、格式等内容，但是格式等不属于语言学视角下语体研究的内容，这里不予详述。下面通过抽样来调查自然科学科技论文和社会科学学术论文的篇章结构特征。

篇章结构一般有 5 种模式，即问题—解决模式、主张—反主张模式、提问—回答模式、概括—具体模式（又称"一般—特殊模式"）以及组合模式。下面通过抽样来分析自然科学语体与社会科学语体的差异。

笔者随机抽样理工（SCI 和 EI）的论文 20 篇和社会科学（CSSCI）的学术论文 20 篇来分析各自的篇章结构。对比的目的是看两者在篇章结构上的差异。论文选取 2015 年份的论文，抽样的标准是选取任意不同期刊上的论文各 1 篇。然后，经过对这 40 篇论文进行分析，对比自然科学和社会科学的篇章结构的差异（表 4-46）。

表 4-46 篇章宏观结构对比数据表

科目类别	问题—解决	主张—反主张	提问—回答	概括—具体	组　合
自然科学	10	1	2	2	5
社会科学	3	1	2	6	8

从表中数据可以看出，社会科学和自然科学在篇章的宏观结构上存在较大差异。自然科学更多的是"问题—解决"型，而社会科学论文则更多地采用"组合"型和"概括—具体"型。然而，这种篇章的宏观结构对比，目前只能靠人工分析进行，因此数据的规模较小，但是在一定程度上说明了问题。

需要指出的是，科技论文的格式应该规范化、标准化，并和国际接轨。这是汉语走向国际的重要一环，也是国家语言战略的关键所在，应当引起重视。

4.5.2　科技语体的话语标记

话语标记在第 3 章讨论摘要的语体特征时已经进行了介绍。这里主要比较科技语体和其他语体在话语标记上的差别。

话语标记对篇章结构起到紧凑、和谐、自然等作用，前人的研究已经比较多了。但是，经笔者观察发现，在不同的语体中话语标记出现的密度是不一样的，具体话语标记的类型也是不一样的，详细请参看附录 13。

为了对比不同语体中话语标记的密度，选取 COSC 中文学语体、科技语体、政论语体三个子库进行对比。同时，为了了解社会科学文本与自然科学文本的区别，分别统计了社会科学和自然科学两种文本各自的话语标记密度。详细数据如表 4-47 所示。

表 4-47　科技语体中话语标记统计数据表

项目类别	科技语体整体	自然科学语体	社会科学语体	政论语体	文学语体
语料库的规模	35 537 992	15 916 534	19 621 458	889 870	869 048
话语标记形符数	1 0771	3 867	6 904	305	158
话语标记类符数	64	59	61	27	26
话语标记密度	$3.03e^{-4}$	$2.43e^{-4}$	$3.52e^{-4}$	$3.43e^{-4}$	$1.82e^{-4}$

注：这里的语料库规模以汉字个数为单位

从表中数据可以看出，科技语体中的话语标记的密度整体上比政论语体略低，比文学语体的密度高得多。由此看来，话语标记在比较正式的语体中使用得较多，因为话语标记的主要功能是使语篇连贯、帮助理解和顺应语境。作为科技语体，一般内容比较枯燥和抽象，因此较多使用话语标记可以使语句间衔接得更好，同时能引领读者进入语境，从而起到帮助理解的作用。

这里所说的话语标记的种类指的是类符，即多少个不同的话语标记。统计这个数字，容易让人了解什么样的语体中常用什么样的话语标记。但是，由于语料所限，这里的统计只能反映该语料库中所代表的情况，可能不同的语料会有一定的差异。从话语标记的类符来看，科技语体中出现的类符比较多，其他语体出现得比较少。这可能与语料库的规模有关。如果语料库规模足够大，则应该出现的话语标记类符数比较接近。当然，不同语体中高频出现的话语标记会不同，参看附录 13。下面将不同语体中频次最高的话语标记列表如下（表 4-48）。

表4-48　不同语体中最高频的话语标记表

语料来源	名次				
	1	2	3	4	5
摘要语体	与此同时	事实上	下一步	由此可见	也就是说
科技语体	另一方面	一方面	事实上	也就是说	与此同时
政论语体	本报讯	据了解	另一方面	一方面	与此同时
文学语体	没想到	事实上	无论如何	比方说	俗话说

从附录13和上表的数据综合来看，不同的语体中高频的话语标记是不同的。摘要语体本来属于科技语体的子语体，所以两者在话语标记上有很多是相同的。"事实上"表达了出乎意料的结果，同时强调客观事实；"也就是说"表达出作者的一种推论或解说。这两个话语标记在其他语体中并不多见，代表科技语体的特征。政论语体中，"本报讯"的频次最高，而在其他语体中是没有出现的。由于本书选的政论语料来自人民日报的社论，所以这个话语标记实际上是报刊语体所特有的。文学语体中的最高频的话语标记是"没想到"，这个词又是其他语体中所罕见的，代表了文学语体的特征。自然科学语体中的话语标记密度不如社会科学的话语标记密度高。这说明，社会科学可能更加注重句子之间的衔接和连贯。

但是，根据前面计算的结果，自然科学语体的句子比社会科学句子长，而话语标记往往是和句子有关。所以，笔者进一步计算了话语标记和句子之间的比例关系。为了叙述方便，笔者把话语标记形符个数和句子个数之间的比值称为"句间密度"，如表4-49所示。

表4-49　话语表和句子之间的比值数据表

语料来源	总句数	话语标记形符数	话语标记句间密度
自然科学	399 290	3 867	$9.68e^{-3}$
社会科学	513 474	6 904	$1.34e^{-2}$
政论语体	28 415	305	$1.07e^{-2}$
文学语体	37 439	158	$4.22e^{-3}$

　　通过上表中的数据可以看出，如果比较话语标记的句间密度，则社会科学最高，其次是政论语体，再次是自然科学语体，最低的是文学语体。这个结果和上文中按字数计算的结果稍有出入，即政论语体和社会科学语体之间调换了位置。也就是说，实际上由于政论语体的句子长度没有社会科学语体那么长，因此总体上其话语标记的句间密度没有社会科学语体的高。

　　通过两种比较，至少说明，社会科学语体的话语标记密度是相对较高的。也就是说，社会科学学者注重使用话语标记来衔接前后句子。自然科学可能习惯依靠其他的手段来实现句子间的衔接。文学语体，由于所用语料多为长篇小说，笔者推测，可能会因前后情节、人物、场景等的变换，使用词汇衔接的手段更多。这里的研究目的不是分析句子衔接手段，而是以话语标记的密度来分析语体的差异，故不再深入分析。

第5章 结语

5.1 结论

本书基于大规模语料库，从语言学的视角分析了汉语科技语体的语言特征。研究主要从四个层面开展，即语音、语词、语句和语篇。由于科技语体的语言在篇名、摘要、正文中表现不同，所以本书从这三个方面分别进行了分析。

首先，就篇名而言，科技语体的篇名区别于其他语体的篇名，有其自身的特点：语音上不讲究节律性；语词上，科技语体篇名有其自身独特的语词标记；语句上体现出篇名较长、句子的不完整性，往往省略主语等特征；语篇上，体现出篇名篇章化过程中革故鼎新等特征；修辞上，科技语体篇名也常用一些辞规，如排名有序等，但并不常用辞格。总体上，科技语体的篇名体现出朴素、庄重、实用等语体特征。此外，自然科学篇名和社会科学篇名也在语言上体现出一定的差异，这种差异是同一范畴下不同成员间的差异，但成员间没有明显的边界。

其次，就摘要而言，科技论文摘要的语言本身也属于科技语体的语言，但是和科技论文正文的语言又有着一定的区别。因此，本书重点对比了科技论文摘要的语言和正文的语言。经比较发现，科技论文摘要的语言有其自身的特征，从语音、语词、语句、语调和语篇来讲，都有着区别于正文的特征。总体而言，科技论文摘要的语言更加封闭，这是由论文摘要的篇幅要求和摘要自身的功能决定的。

最后，就科技语体正文而言，本书研究的重点是科技语体的总体特征。对科技语体，前人进行过不少内省式的研究，本书对先贤的理论通过数据进行了验证和分析。通过分析发现，自然科学语言和社会科学语言有着细微的差别；科技语体和政论语体、文学语体的差异比较大。总体上，科技语体是比较朴素、庄重的实用语体，注重语言的精确性，很少讲究语音、语词、语句、语篇方面的美学效果。并非所有的问题都可以通过语料统计来分析，所以本书只是着重研究了可以通过语料统计与分析进行的语体特征。

总体上来看，社会科学语言和自然科学语言都是科技语体这一范畴的两个成员，但这两个成员地位不同。自然科学语言是科技语体的核心成员，体现在篇名、摘要和正文的语音、语词、语句、语篇等方面都不同于社会科学语言。语音上，不讲究音韵和节律；语词上，强调实用、精确、客观；语句上，句子较长、结构复杂；语篇上，语句衔接更有逻辑性。社会科学语言则是科技语体的边缘成员，既有接近自然科学语言的方面，也有接近政论语体的方面。自然科学语言和社会科学语言之间没有明确的边界。

科技语体、政论语体、文学语体三个范畴之间虽有较大的区别，但是也不存在明显的范畴边界。这是三种常见的书面语体，语体之间各自为了实现不同的语言功能从而出现了语音、语词、语句、语篇等方面的变异。因此，语体从根本上来说是一种语言的社会变体。产生语体变异的根本原因在于社会语境、文化语境、情景语境的共同作用。

5.2　创新

本书的创新之处主要体现在以下六个方面。

第一，建立了科技汉语语料库，并在标注的基础上开展了基于语料库的科技语体研究。科技汉语语料库虽然前人也有做过，但是一般都是粗线条的，没有将篇名、摘要、正文分别建立语料库。一些公开的分体语料库一般也都没有实现分词和标注。因此，可以检索和研究的范围比较狭窄。笔者所建立的分体语料库分类详细，并做了相对准确的分词和标注，为论文写作和今后的进一步研究奠定了基础。

第二，该研究是对科技汉语语体计量分析的一次尝试。前人对科技汉语语体的分析大多是内省式的研究，往往都没有系统的数据支撑。本书基于语料库，对科技语体进行了较为全面的计量研究，虽然仍有不足之处，但不失为一次有益的探索。冯志伟教授曾提到，汉语的计量研究较少，中国的计量语言学比较落后。笔者不揣冒昧，对汉语的科技语体进行了计量分析。有些研究视角，如语音、语词、语句、语篇的某些角度是先贤所不曾做的，其中不少发现是前人研究中没有的。

第三，该研究首次将科技语体从篇名、摘要、正文三部分分别进行研究。先贤多对科技语体有不少研究，但多数是将科技语体从整体上来进行的宏观研究。本书注意到科技语体的核心，即科技论文往往包含着许多部分，如篇名、摘要、关键词、正文、参考文献等。但是，最主体的三部分是篇名、摘要和正文。这三部分各有不同的特征，不能一概而论。故笔者从篇名、摘要、正文三部分分别进行了较为详细的研究。研究发现，篇名、摘要、正文各有不同的语体特征。这为科技语体的微观研究向前推进了一步，为今后更加精细化的研究奠定了基础。

第四，该研究首次对科技语体的音韵、节律进行了探索。先贤对科技语体的分析大多都是从词汇、语法的角度进行分析。本书尝试从音韵、节律等方面对科技语体进行了分析和对比，一定程度上揭示了科技语体在这两方面的部分规律。虽然没有能够建立科技语体的语音语料库，没有能够进行语音标注并从语音的角度对科技语体进行全面的分析，但也是一次有益的尝试，为基于语料库的音韵研究提出了形态上的方法，可供今后的研究参考。

第五，该研究具有明显的时代特征和一定的学术前瞻性。本研究不仅结合了认知语言学的范畴理论、模糊数学理论、不确定性数学思想，还结合了当今科技发展的最新动态，尤其是自然语言处理方面的文本分类、机器翻译方面的领域自适应等。本研究的目的之一是希望能为这些领域带来一些有益的理论基础。

第六，本书是个纵向、横向、中外的多维综合对比研究。语体研究多着眼于横向的研究，即不同语体间的对比研究，这已经成为语体研究的常规方法，但是很少进行纵向的对比研究，如语体的历史研究。纵向的历史研究需要有历史数据才能进行，然而这往往成为制约语体研究的瓶颈。本书在科技语体的篇名部分，从微观着手，对篇名语词标记"视 X"词组进行了对比分析。此外，本书的许多研究借鉴了国外有关研究的最新成果，尤其是科技英语研究的一些成果，在汉语中进行了对比。虽然某些方面受语料的限制，尚不能进行更加全面的研究，但还是进行了相对全面的对比分析，不失为一次有益的尝试。

5.3　不足

经反复斟酌，本书尚存在以下不足之处。

首先，数据不够精确。语料库数据的搜集和整理耗费了大量心血。但是，在检索使用中仍然会发现有疏漏的地方，如个别篇名数据的清洁做得不彻底，里面有作者相关信息存在。因此，数据只是大体上准确，和实际情况稍有出入。科技汉语涵盖范围非常之广，要想了解科技汉语的全貌，必须得下功夫建立更大的、更加全面的语料库。本书中所用到的语料是比较有代表性的语料数据，若想得到更为准确的数据，需要日后不断努力，开拓发现新的语料来源，探索大数据的获取方式。另外，语料分词标注没有 100% 准确。本书采用中国传媒大学的分词标注系统进行分词标注，虽然正确率达到 98% 以上，但仍然有少部分特殊语料存在分词标注错误。所以，书中数据不能视为绝对的准确，仅供参考。

其次，分析不够全面。科技汉语语体的语言研究涉及众多方面。本书仅就科技汉语的语音、语词、语句和语篇等语言特征进行了分析，仍然有许多地方没有进行分析。特别是修辞，其从广义上说也是语言学研究的范围，由于受语料库研究方法和技术的局限，在本书中没有研究，有待日后进行完善。此外，和其他语体的对比都是粗线条的描写，有待于在今后开展更为深入的研究。

再次，现象描写较多，理论阐释不够深入。笔者所作的研究只不过是对语体学进行的一个广度上的拓展，是对科技语体进行的定量分析。虽然，笔者在对各种语体标记的分析过程中也试图从语义层进行探索，但并未发现或提出所谓的"最小区别特征"，没有提出语义层的隐性区别单位。正如丁金国（2009）所述，目前对语体的研究在量上有所增加，但大多仍停留在显性、静态的形式标记的水平上，并未潜入语义底层进行深层挖掘。汉语是语义型语言，很多研究只有深入语义层才能真正揭示汉语语言的本质规律。本书的研究重在形态学分析，虽然部分章节也有结合语义的分析，但不够深入。然而，究竟如何从语义的角度研究语体，目前既没有成熟的经验，也没有现成方法论的指导，只能在今后进行探索。

最后，对比的对象不够广泛，历时研究不够。语体间是相互渗透的，鉴于语料有限，所以只对政论语体和文学语体进行了对比，没有更为深入广泛地开展对比分析。语体也是历时变化的，本书总体上是对科技语体的共时性对比研究，只有少数章节进行了历时分析。对不同语体开展更为深入的历时对比研究将更能分析出语体间的差别和语体分化的规律性。

5.4　展望

本书基于科技汉语语料库，对现代汉语的科技语体从语言学角度开展了研究，部分研究仅是个案探索，有待于今后开展更为全面的研究。早就有学者提出要建立计算语体学——基于现代研究方法的语体风格学学科，但是目前在这方面的研究还远远没有达到建立一门学科的地步。

语体研究对写作、翻译（包括机器翻译）、人机对话等许多领域都有重要作用。所以，对不同语体进行全方位、多领域的研究，才能真正让语体学不断得到发展与完善。语言也是不断变化的，对变化的语体进行实时监控式的研究才能揭示语言变化的详细规律。

语言学在社会科学或人文科学里实在是一个异端，它和别的学科是格格不入的。现在人们已逐渐形成了一种新的观念，认为语言学平行于自然科学和社会科学，应建立一个新的领域——思维科学，那么这一领域里核心学科就是语言学，和它平行的是图形学。语言学的威力已经初见端倪，未来人工智能领域的发展成果必将证明语言学，尤其是计算语言学的重要性。就语体学而言，需要进一步研究不同语体在句法等层面的问题，深入探索语义层的"最小区别因子"，发现隐性的语体区别单元。

对于语体来说其实还有很多层面可以研究，如语体的雅俗及高低对立、不同语体的发展演化、语体的产生和发展的动因、中西语言在语体上的差异等。目前，这些研究都尚未深入开展，有国内学者提出开展这些研究的建议，如丁金国（2013）等。但是，这些研究都需要有更加充足的分体语料支持，需要更加精确的标注系统。然而，这些也正是目前语体研究的瓶颈。今后，建立更加系统全面的语体语料库成为语体研究的一项重要任务。

参考文献

[1] 安浩 . 语体视野下的《大唐西域记》连词研究 [D]. 乌鲁木齐 : 新疆师范大学 , 2015.

[2] 蔡晖 . 认知语言学视野中的功能语体分类问题 [J]. 外语学刊 , 2004(6): 37–41.

[3] 曹军 . 口语体中人称代词的主格与宾格形式的互换 [J]. 大学英语 , 1995(12): 61.

[4] 陈富源 . 学术论文写作通鉴 [M]. 合肥 : 安徽大学出版社 , 2005.

[5] 陈望道 . 修辞学发凡 [M]. 上海 : 上海教育出版社 , 1979.

[6] 陈子娟 , 耿敬北 . 法律英语中的名词化现象及其语体特征 [J]. 忻州师范学院学报 , 2009(4): 67–69.

[7] 程雨民 . 英语语体学 [M]. 上海 : 上海外语教育出版社 , 2004.

[8] 崔升阳 . 浅析科技俄语语体中动名词组的特点 [J]. 网络财富 , 2010(13): 111–112.

[9] 邓鹂鸣 , 肖亮 , 徐大双 , 等 . 国内语体研究回顾与思考 [J]. 外语教学 , 2012(6): 29–34.

[10] 丁金国 . 对外汉语教学中的语体意识 [J]. 烟台大学学报 (哲学社会科学版), 1997(1): 89–96.

[11] 丁金国 . 高低语体对立的动力功能 [J]. 烟台大学学报 (哲学社会科学版), 2013(2): 107–113.

[12] 丁金国 . 语体风格分析纲要 [M]. 广州 : 暨南大学出版社 , 2009.

[13] 杜厚文 . 科技汉语中的长定语 [J]. 语言教学与研究 , 1988(3): 47–58.

[14] 范晓 . 语体对句子选择情况的初步考察 [M]. 合肥 : 安徽教育出版社 , 1987.

[15] 范瑜 , 李国国 . 科技英语文体的演变 [J]. 中国翻译 , 2004(5): 88–89.

[16] 冯胜利 . 论汉语书面正式语体的特征与教学 [J]. 世界汉语教学 , 2006(4): 98–106, 148.

[17] 冯胜利 . 论语体的机制及其语法属性 [J]. 中国语文 , 2010(5): 400–412, 479.

[18] 冯志伟 . 机器翻译 [M]. 北京 : 科学技术出版社 , 2004.

[19] 冯志伟 . 计算语言学基础 [M]. 北京 : 商务印书馆 , 2001.

[20] 冯志伟 . 统计机器翻译 [M]. 宗成庆 , 张宵军 , 译 . 北京 : 电子工业出版社 , 2012.

[21] 冯志伟 . 语言与数学 [M]. 北京 : 世界图书出版社 , 2011.

[22] 高丽英 . 俄语科学语体中名词词层特点及发展趋势 [J]. 沈阳师范大学学报 (社会科学版),2008(6): 163–165.

[23] 桂诗春 . 基于语料库的英语语言学语体分析 [M]. 北京 : 外语教学与研究出版社 , 2009.

[24] 胡习之 . 核心修辞学 [M]. 北京 : 中国社会科学出版社 , 2014

[25] 胡壮麟 . 语篇的衔接与连贯 [M]. 上海 : 上海外语教育出版社 , 1994.

[26] 黄曾阳 . 面向汉英机器翻译的语义块构成变换 [M]. 北京 : 科学出版社 , 2009.

[27] 贾端 . 俄语科学语体中动名词的汉译问题研究 [D]. 哈尔滨 : 黑龙江大学 ,2014.

[28] 江名国 . 从篇章信息论角度解读英语新闻语体中的名词化现象 [J]. 海外英语 , 2012(2): 285–286.

[29] 蒋艳 . 名词化的语体研究 [J]. 长春理工大学学报 , 2012(1): 58–59.

[30] 亢世勇 . 现代汉语谓宾动词分类统计研究 [J]. 辽宁师范大学学报 , 1998(1): 36–39.

[31] 黎锦熙 , 刘世儒 . 语法再讨论——词类区分和名词问题 [J]. 中国语文 , 1960(1): 5–8.

[32] 黎锦熙 . 新著国语文法 [M]. 北京 : 商务印书馆 ,1988.

[33] 黎平 .《南齐书》中对称代词的语体层次 [J]. 遵义师范学院学报 , 2005(6): 28–30.

[34] 黎运汉 . 汉语语体修辞学 [M]. 广州 : 暨南大学出版社 , 2009.

[35] 黎运汉 . 现代汉语语体修辞学 [M]. 南宁 : 广西教育出版社 , 1989.

[36] 黎运汉 . 语体风格学 [M]. 广州 : 广东教育出版社 , 2000.

[37] 李炳炎 . 实用科技文体大全 (上册)[M]. 海口 : 南海出版公司 , 1991.

[38] 李熙宗 . 关于语体的定义问题 [J]. 复旦学报 (社会科学版), 2005(3):176–186, 196.

[39] 李熙宗 . 关于语体的定义问题 [J]. 烟台大学学报 (哲学社会科学版), 2004(4): 467–475.

[40] 李小博 . 科学修辞学研究 [M]. 北京 : 科学出版社 , 2011.

[41] 李秀明 . 元话语标记与语体特征分析 [J]. 修辞学习 , 2007(2): 20–24.

[42] 李一平 . 副词修饰名词或名词性成分的功能 [J]. 语言教学与研究 , 1983(3): 40–51.

[43] 梁银峰. 论上古汉语的指示代词在不同语体中的指示性 [J]. 当代修辞学, 2012(1):64–75.

[44] 刘丙丽, 牛雅娴, 刘海涛. 汉语词类句法功能的语体差异研究 [J]. 语言教学与研究, 2013(5):97–104.

[45] 刘辰诞, 赵秀凤. 什么是篇章语言学 [M]. 上海：上海外语教育出版社, 2011.

[46] 刘大为. 语体是言语行为的类型 [J]. 修辞学习, 1994(3): 1–3.

[47] 刘群. 机器翻译研究新进展 [J]. 当代语言学, 2009(2): 147–158, 190.

[48] 刘云. 汉语篇名的篇章化研究 [D]. 武汉：华中师范大学, 2002.

[49] 刘振海, 刘永新, 陈忠才, 等. 中英文科技论文写作 [M]. 北京：高等教育出版社, 2012.

[50] 陆俭明. 有关被动句的几个问题 [J]. 汉语学报, 2004(2): 9–15, 95.

[51] 吕叔湘. 通过对比研究语法 [J]. 语言教学与研究, 1992(2): 4–18.

[52] 马海艳. 俄语成语在报刊政论语体中的作用及变异用法 [D]. 呼和浩特：内蒙古大学, 2010.

[53] 尼珍. 成语及其在新闻语体运用中的一些问题 [J]. 钦州师范高等专科学校学报, 2003(3): 76–78.

[54] 倪素平, 丁素红. 现代汉语实用修辞学 [M]. 天津：南开大学出版社, 2014.

[55] 欧阳周. 现代汉语科技写作 [M]. 长沙：中南工业大学出版社, 1995.

[56] 庞丽莉. 政论语体和文艺语体中零形回指和名词回指的差异研究 [D]. 广州：暨南大学, 2007.

[57] 钱峰, 陈光磊. 关于建立语体分类数学模型的构想 [M] 合肥：安徽教育出版社, 1987.

[58] 陶红印. 试论语体分类的语法学意义 [J]. 当代语言学, 1999(3):15–24, 61.

[59] 童庆炳. 文体与文体的创造 [M]. 昆明：云南人民出版社, 1994.

[60] 王翠燕. 英语成语语体色彩与语境动态研究 [D]. 哈尔滨：东北林业大学, 2010.

[61] 王德春, 陈瑞瑞. 语体学 [M]. 南宁：广西教育出版社, 2000.

[62] 王华树. 计算机辅助翻译实践 [M]. 北京：国防工业出版社, 2015.

[63] 王景丹. 口语语体形容词的运用规律 [J]. 云南师范大学学报, 2006(1): 43–45.

[64] 王珏, 洪琳. 由人际代词与非人际代词的对立看语体分类 [J]. 当代修辞学, 2013(3): 23–31.

[65] 王丽媛. 数词的重叠 [J]. 渭南师范学院学报, 2010(1):36–39.

[66] 王晓荟 . 指示代词"本"和"该"对比及教学考察 [D]. 南京：南京师范大学，2011.

[67] 王晓慧 . 基于口语体语料的主语前介词短语"在……"的考察 [J]. 现代语文 (语言研究版),2012(1):94–96.

[68] 王志芳 . 名词化现象与英语书面语体正式程度关系之功能解析 [D]. 长春：东北师范大学，2002.

[69] 王志文，丘秀英 . 名词化在书面语体中的应用 [J]. 疯狂英语 (教师版),2008(3):81–84.

[70] 王佐良，丁往道 . 英语文体学引论 [M]. 北京：外语教学与研究出版社，1987.

[71] 韦超 . 艺术语体和政论语体中状位形容词重叠式的差异研究 [D]. 广州：暨南大学，2006.

[72] 吴春相 . 现代汉语介词结构的语体考察 [J]. 当代修辞学，2013(4): 52–61.

[73] 吴继文 . TOEFL 中两种语体代词的区分 [J]. 山东外语教学，1982(2): 49–54.

[74] 吴振国 . 汉语模糊语义研究 [D]. 武汉：华中师范大学，2013.

[75] 辛丽芳 . 语体视域下的《大唐西域记》"～然"式状态形容词考察 [J]. 阜阳师范学院学报 (社会科学版),2014(4): 41–44.

[76] 邢福义，吴振国 . 语言学概论 [M]. 武汉：华中师范大学出版社，2002.

[77] 邢福义，吴振国 . 语言学概论（第二版）[M]. 武汉：华中师范大学出版社，2011.

[78] 熊燕 . 从语言结构视角分析德语中的名词化语体 [J]. 江苏技术师范学院学报，2010(4): 44–47, 57.

[79] 熊应标，康健 . 量词重叠研究综述 [J]. 宜宾学院学报，2009(4): 114–116.

[80] 徐大明 . 语言变异与变化 [M]. 上海：上海教育出版社，2006.

[81] 徐有志 . 现代文体学研究的 90 年 [J]. 上海外国语大学学报，2000(4): 65–74.

[82] 许钟宁 . 修辞手段与语体手段 [J]. 宁夏大学学报 (人文社会科学版),2007(5): 8–11.

[83] 亚里士多德 . 修辞学 [M]. 北京：生活·读书·新三联书店，1991.

[84] 杨会勤 . 英语连词的语体意义 [J]. 常州工业技术学院学报，1995(1): 26, 53–58, 26.

[85] 杨信彰 . 名词化在语体中的作用——基于小型语料库的一项分析 [J]. 外语电化教学，2006(2): 3–7.

[86] 杨信彰 . 英语书面语体中的词汇密度特征 [J]. 解放军外国语与学院学报，1995(3): 14–18.

[87] 姚双云 . 连词与口语语篇的互动性 [J]. 中国语文，2015(4): 329–340, 383–384.

[88] 叶景烈 . 语体二题 [M]. 合肥 : 安徽教育出版社 , 1987.

[89] 于灵子 . 科技语体和艺术语体中定语位置上的形容词的差异研究 [D]. 广州 : 暨南大学 , 2006.

[90] 袁国威 . 俄语科技语体术语及句子翻译策略研究 [D]. 哈尔滨 : 黑龙江大学 , 2013.

[91] 袁毓林 . 基于认知的汉语计算语言学研究 [M]. 北京 : 北京大学出版社 , 2008.

[92] 张德禄 , 贾晓庆 , 雷茜 . 英语文体学重点文体研究 [M]. 北京 : 外语教学与研究出版社 , 2015.

[93] 张德禄 . 语篇的连贯理论的发展及运用 [M]. 上海 : 上海外语教育出版社 , 2003.

[94] 张焕燕 . 文艺语体与公文语体介词短语差异研究 [D]. 广州 : 暨南大学 , 2012.

[95] 张旭箴 . 科学语体中名词的特点 [J]. 中国俄语教学 , 1988(1): 28–31.

[96] 赵秀凤 . 名词词组的结构模式与语篇的语体意义 [J]. 山东外语教学 , 2004(3): 49–51.

[97] 赵秀凤 . 英汉名词词组结构差异对英语写作语体风格的影响——一项实证研究 [J]. 外语教学 , 2004(6): 55–57.

[98] 郑梦娟 . ABB 式形容词的语体特征分析 [J]. 修辞学习 , 2004(6): 56–57.

[99] 周秋琴 . 再谈科技语体与科技翻译 [J]. 邵阳学院学报 , 2005(6): 122–123.

[100]朱楚宏 . "本"与"该": 限定代词的意义指向 [J]. 语文建设 , 2000(1): 24–25.

[101]朱德熙 . 关于动词形容词"名物化"的问题 [J]. 北京大学学报（人文科学）, 1961(4): 53–66.

[102]朱德熙 . 语法讲义 [M]. 北京 : 商务印书馆 , 2012.

[103]朱琳 . 浅析科技语体的语言特点及翻译方法 [D]. 哈尔滨 : 黑龙江大学 , 2013.

[104]朱永生 . 语言—语篇—语境 [C]. 北京 : 清华大学出版社 , 1993.

[105]祝世军 . 基于语料库欧·亨利短篇小说选集的修辞特征分析 [J]. 吕梁教育学院学报 , 2010(4): 117–120.

[106]庄翠娟 . 基于语料库的惠特曼诗歌修辞格研究 [D]. 昆明 : 云南师范大学 , 2008.

[107]BALLY C. Trait é de stylistique français[M]. Heidelgerg: Carl Winters,1990.

[108]BAZERMAN C. Shaping written knowledge: the genre and activity of the experimental article in science[M]. Madison: Univeristy of Wisconsin Press,1988.

[109]BHATIA V K. Analysing genre: language use in professional settings [M]. London: Longman,1993.

[110]BIBER D,CONRAD S. Register, genre and style [M]. New York: Cambridge University Press,2009.

[111]BIBER D, JOHANSSON S, LEECH G, et al . Longman grammar of spoken and written English [M]. Harlow: Longman,2000.

[112]CLAUDE OLIVER. A model for classification of errors and evaluation of translation quality in a Russian–English machine translation system [D]. Austin: University of Texas, 1990.

[113]CREMMINS E T. The art of abstracting [M]. Philadelphia: ISI Press, 1982.

[114]BAHDANAU D, CHO D, BENGIO Y. Neural machine translation by jointly learning to align and translate[J].Computer Ence,2014.

[115]BIBER DOUGLAS,CONRAD SUSAN.Register,genre, and style[M].Cambridge: Cambridge University Press, 2009.

[116]EGGINS S. An introduction to systemic functional linguistics [M]. London: Pinter, 1994.

[117]WINTER E O. Connection in science material: a proposition about the semantics of clause relations[J]. Center for Information on Language Teaching Papers and Reports,1971.

[118]WINTER E O. A Clause–relational approach to English texts: a study of some predictive lexical items[J]. Instructional Science, 1977, 6(1): 1–92.

[119]GOPNIK MYRNA. Linguistic structures in scientific texts [M]. The Hague: Mouton, 1972.

[120]GOULD STEPHEN JAY. The hedgehog, the fox, and the magister's pox: mending the gap between science and the humanities[M]. New York: Three Rivers Press, 2003.

[121] GRAETZ NAOMI. Teaching EFL students to extract structural information from abstracts [J].In Ulijn and Pugh ,1982: 123–35.

[122] GROSS A G, HARMON J E, REIDY M. Communicating science: the scientific

[123]article from the 17th century to the present[M]. Oxford: Oxford University Press, 2002.

[124] HALLIDAY M. Explorations in the functions of language [M]. London: Edward Arnold, 1973.

[125]HALLIDAY M A K, HASAN R. Cohesion in English [M]. London: Longman, 1976.

[126]HALLIDAY M A K.Categories of the theory of grammar [J]. Word ,1961,17(3):241–292.

[127]HALLIDAY M A K. On the language of physical science, from registers of written English:situational factors and linguistic features [M]. London: Printer, 1988.

[128]HALLIDAY M A K. Some grammatical problems in scientific English, symposium in education, society of pakistani English language teachers[M]. Karachi: SPELT, 1989.

[129]HALLIDAY M A K. Cohesion in English [M]. Harlow: Longman Group Ltd, 2001.

[130] HALLIDAY M A K. Some grammatical problems in scientific English[M]. Karachi: SPELT, 1989.

[131]HALLIDAY M A K. The language of science [M]. New York: Continuum, 2004.

[132] HALLIDAY M A K.Studies in Chinese language [M]. New York: Continuum, 2005.

[133]HALVORSEN, PER-KRISTIAN.Linguistics: the cambridge survey:computer applications of linguistic theory[J].Cambridge University Press,1988(2):198-219.

[134] HOEY M. On the surface of discourse[M]. Boston: Unwin Hyman,1983.

[135] HUDDLESTON R. The sentence in written English: a syntactic study based on an analysis of scientific texts [M]. Cambridge: Cambridge University Press, 1971.

[136] HYLAND K. Disciplinary discourses: social interactions in academic writing (2nd

[137]Edition)[M]. Ann Arbor: The University of Michigan Press, 2004.

[138]JAMES ALLEN.Natural language understanding (second edition)[M].Beijing: Publishing House of Electronics Industry, 2005.

[139] JAMES KENNETH. Mr. Sulaiman, the buttoning of cauliflowers and how I learnt to love the abstract[J]. In James (ed.),1980:58-66.

[140]DENERO JOHN STURDY. Phrase alignment models for statistical machine translation[D].Berkeley: University of California, 2010.

[141] KOEHN PHILIPP. Statistical machine translation [M].Cambridge: Cambridge University Press, 2009.

[142] LAKOFF G. Women, fire and dangerous things: what categories reveal about the mind[M]. Chicago: The University of Chicago Press, 1987.

[143] MALCOLM LOIS. What rules govern tense usage in scientific articles? [J] .English for Specific Purposes,1987(6):31-44.

[144] NIDA E A. Towards a science of translating [M]. Leiden: E. J. Brill, 1964.

[145] ROUNDS P L. Hedging in written academic discourse: precision and flexibility (mimeo) [M]. An Arbor: The University of Michigan, 1982.

[146] SAMRAJ B. An exploration of a genre set: Research article abstracts and introductions in two disciplines[J]. English for Specific Purposes, 2005,24(2) :141–156.

[147] SAVORY T H. The language of science [M]. London: Andre Deutsch, 1965.

[148] WINTNER SHULY. What science underlies natural language engineering? [J]. Computational Linguistics, 2009, 35(4):641–644.

[149]SWALES J M. Genre analysis: English in academic and research settings [M]. Cambridge:Cambridge University Press, 1990.

[150] VAN DIJK T A. Some aspects of text grammars [M]. The Hague: Mouton, 1972.

附录1　中国传媒大学分词标注系统
简要说明

本系统有两个切分选项和一个显示选项。两个切分选项是"按粗粒度切分"和"按细粒度切分"。这两个选项的主要区别表现在以下几个方面：

第一，汉族（包括日本、韩国人名中能明显识别出姓和名的）人名中姓和名的分合。

第二，组合型机构名、地名和其他专名的分合。

第三，组合型时间表达式的分合。

第四，组合型数字表达式的分合。

第五，组合型量词表达式的分合。

一、按细粒度切分

指按较小颗粒度原则进行切分，上述几项都切开。例如，汉族人名切成"李/nr 玉山/nr"；组合型机构名切成"北京/ns 大学/n"；组合型地名切成"湖南省/ns 长沙市/ns"；组合型其他专名切成"人民/n 日报/n"；组合型时间表达式切成"今天/t 下午/t"；组合型数字表达式切成"三/m 百/m 二/m 十/m 一/m"；组合型量词表达式切成"元/q ／平方米/q"。

二、按粗粒度切分

指按较大颗粒度原则进行切分，上述几项都不再切开。例如，汉族人名切成"李玉山/nr"；组合型机构名切成"北京大学/nt"，组合型地名切成"湖南省长沙市/ns"；组合型其他专名切成"人民日报/nz"；组合型时间表达式切成"今

天下午 /t"；组合型数字表达式切成"三百二十一 /m"；组合型量词表达式切成"元 / 平方米 /q"。

三、显示所有词性

本系统的一个显示选项是"显示所有词性"。当选中该选项时，如果切分结果中一个单词有多个兼类词性，则在小括号中显示该单词的全部兼类词性。例如，"的"字的切分结果可能显示为"的 /u(Dg-Ng-u)"。"的"字后面的"/u"表示该切分中确定的词性，而小括号中的"Dg-Ng-u"包括了"的"字的所有兼类词性，不同词性之间用"-"分隔。

表附录　在线分词标注系统标记集

粗分 词类名称	标记	细分 词类名称	标记	样例
名词（9）	n	普通名词	n	人、天、桌子、风格、精神
		方位词	f	上、下、内、外、之前、以后、以来
		人名	nr	张晓峰、卓玛、约翰逊、姿三四郎
		地名	ns	法国、北京、湖南、哈尔滨、北极村
		机构名	nt	国务院、北京大学、朝阳医院
		产品名	nq	诺基亚手机、歼 -15 战斗机
		其他专名	nz	人民日报、金棕榈奖、劳斯莱斯
		时间词	t	今天、2008 年、五月、明朝
		处所词	s	地区、岸边、岸上、半空、北方

续 表

粗分 词类名称	标记	细分 词类名称	标记	样例
动词（9）	v	动词	v	跑、看、写、研究、商量
		动词重叠式（1）	vv	看看、写写、研究研究、商量商量
		动词重叠式（2）	vyv	看一看、写一写、放一放
		动词重叠式（3）	vlv	看了看、写了写、研究了研究
		动词重叠式（4）	vlyv	看了一看、写了一写、研究了一研究
		动词重叠式（5）	vbv	写不写、看不看、喜欢不喜欢
		动词重叠式（6）	vmv	写没写、看没看、讨论没讨论
		动词重叠式（7）	vvo	跑跑步、洗洗澡、散散步、聊聊天
		动词疑问缺损式	vvq	愿不愿意、相不相信、知不知道
形容词（8）	a	形容词	a	白、干净、美丽、伟大
		形容词重叠式（1）	aa	白白（的）、干干净净、清清楚楚
		形容词重叠式（2）	aba	白不白、好不好、干净不干净
		形容词重叠式（3）	ala	马里马虎、古里古怪、土里土气
		形容词疑问缺损式	aaq	干不干净、漂不漂亮、高不高兴
		区别词	b	男、女、长期、共同、袖珍
		状态词	z	碧绿、干瘦、拉拉扯扯、静悄悄
		状态词重叠式	zz	碧绿碧绿、干瘦干瘦、冰冷冰冷
代词（1）	r	代词	r	这、那、你、我、什么、怎么、每、各
数词（4）	m	数词	m	一、二、十、百、千、零、甲、乙
		数词重叠	mm	千千万万
		数量词	mq	很多、许多、大量、部分
		数量词重叠	mmq	很多很多、许许多多

粗分 词类名称	标记	细分 词类名称	标　记	样　例
量词（4）	q	量词	q	个、张、条、根、项、册、次、趟、遍
		量词重叠式（1）	qq	个个、条条、次次、趟趟
		量词重叠式（2）	qqy	一个个、一次次、一阵阵
		量词重叠式（3）	qqm	一个一个、一次一次
副词（2）	d	副词	d	就、又、都、已经、仅仅
		副词重叠	dd	非常非常、特别特别、逐渐逐渐
连词（1）	c	连词	c	和、而、而且、那么
介词（1）	p	介词	p	把、在、从、被、比
助词（1）	u	助词	u	的、地、得、所、被
语气词（1）	y	语气词	y	了、吧、吗、呢、啊
拟声词（1）	o	拟声词	o	哗啦、轰隆、叮叮当当
叹词（1）	e	叹词	e	哎呀、啊、唉、哦
前缀（1）	h	前缀	h	第、老、小、初、软、超、亚
后缀（1）	k	后缀	k	者、家、性、率、感、度、儿
不明词语	x	不明词语	x	
缩略语（5）	j	地名缩略	jns	京、津、沈、黑、辽
		机构名缩略	jnt	首钢、北大、上外、中传
		名词性缩略	jn	非典
		动词性缩略	jv	反恐
		区别性缩略	jb	大中型、中西式

续　表

粗分 词类名称	标记	细分 词类名称	标记	样　例
成语（4）	i	名词性成语	in	血雨腥风、八拜之交、鹤发童颜
		动词性成语	iv	朝思暮想、爱屋及乌、班门弄斧
		形容性成语	ia	安分守己、八面玲珑、斑驳陆离
		副词性成语	id	成年累月、日以继夜、
习语（10）	l	话语标记	ldm	老实说、一言以蔽之、据说、按理说
		名词性惯用语	lgn	大锅饭、马后炮、闷葫芦、泥腿子
		动词性惯用语	lgv	走后门、穿小鞋、开绿灯
		副词性惯用语	lgd	一股脑、一而再再而三
		谚语格言	ly	三个臭皮匠，顶个诸葛亮
		名词性习语	ln	阿猫阿狗、阿Q精神、鞍马之劳
		动词性习语	lv	开胸验肺、拔得头筹、白头相守
		形容性习语	la	百年不衰、半大不小、半文不白
		副词性习语	ld	挨门逐户、不怎么、从始至终
		时间性习语	lt	有日子、从古到今、从今以后
语素（7）	g	名语素	Ng	厢、锤、淀、衫
		动语素	Vg	骇、殇、睨、贺
		形语素	Ag	聪、瘆、韧、姣
		数语素	Mg	午、亥、酉、庚
		副语素	Dg	倏、枉、径、弗
		代语素	Rg	予、尔
		时间语素	Tg	元、昼、昨、昔

附录2 科技语体篇名中出现的成语

（省去了词频小于5的成语）

共计：892个形符，441类符。

36 实事求是	32 必由之路	21 来龙去脉	21 百家争鸣
20 一分为二	17 三位一体	14 才子佳人	12 势在必行
12 和而不同	11 因材施教	11 何去何从	10 当务之急
8 坚定不移	7 中庸之道	7 一家之言	7 推陈出新
7 他山之石	7 本来面目	6 正本清源	6 任重道远
5 移风易俗	5 讨价还价	5 殊途同归	5 刻不容缓
5 见义勇为	5 后来居上	5 别具一格	5 百花齐放

附录3 科技语体篇名末的名动词

（社会科学和自然科学各自仅列出频率较高的一部分，其余省去）

3.1 自然科学篇名末的名动词

共计 101 675 个形符，1 377 个类符。

40 979 研究	724 研制	374 探	170 实验
10 473 分析	661 检测	360 分布	169 实践
8 127 应用	641 仿真	317 评估	167 演
4 659 进展	626 试验	306 建模	166 观察
2 445 模拟	599 展望	300 处理	161 管理
2 166 控制	581 评价	273 影响	157 表达
1 427 计算	566 综述	253 开发	156 讨论
1 215 表征	529 发展	250 变化	155 验证
1 091 实现	521 制备	216 演化	154 制约
1 075 探讨	514 测定	211 提取	150 测试
888 优化	507 识别	210 鉴定	
826 合成	440 解	199 确定	

747 预测　　　434 测量　　　188 同步

3.2　社会科学篇名末的名动词

共计 92 061 个形符，2 243 个类符。

19 380 研究	796 改革	465 构建	356 创作
10 455 分析	736 演变	460 刍议	344 谈
3 095 探	736 调查	448 建设	331 解读
2 504 发展	734 评价	448 概述	315 形成
2 217 探讨	695 选择	439 说	313 简介
1 923 启示	674 略	426 辨析	273 浅析
1 535 综述	641 探索	422 教育	270 评介
1 330 论	634 影响	418 管理	268 建构
987 考察	585 实践	410 认识	267 剖析
984 考	577 报告	403 评述	262 运用
981 应用	574 检验	393 变迁	261 化
880 探析	514 进展	392 评析	256 运动
848 商榷	513 反思	377 解释	252 借鉴
846 展望	510 教学	363 议	248 增长

附录 4　科技语体篇名中的代词

共计 34 116 个形符，125 个类符。

26 371 其	38 何处	10 本国	2 其一
751 自我	36 你	9 这里	2 那样
730 我	34 他人	9 俺	2 某某
639 如何	33 她	8 两者	2 厥
423 己	32 哪里	8 二者	2 何如
418 他	31 咱	7 这么	2 何人
415 各	30 本刊	7 我区	2 多久
380 什么	28 其二	7 各项	2 彼此
368 怎样	28 各族	7 别的	2 本所
282 我们	27 吾	6 之类	2 本社
272 其他	27 何时	6 他国	1 足下
256 诸	27 此	6 您	1 自家
247 本	26 这个	6 乃	1 诸位
227 某些	24 各地	6 某种	1 这种
175 某	23 本文	5 为什么	1 咱们
141 其它	22 怎么	5 任何	1 我县

119 谁	21 一切	5 各个	1 我市
115 它	20 该	4 人家	1 我方
96 自	18 他们	4 那个	1 其次
85 何	18 每	4 各家	1 恁
76 自己	17 哪些	4 本人	1 那些
76 安	17 各类	3 怎么样	1 哪儿
69 为何	16 哪	3 怎	1 各自
65 各种	16 本身	3 你们	1 别人
62 自身	14 这样	3 哪个	1 别国
58 其中	12 各级	3 各界	1 敌
58 另	11 焉	3 彼	1 本期
56 这	11 孰	3 本轮	1 本届
49 乌	11 大家	2 这些	1 本次
47 什么样	10 诸国	2 有的	
46 本地	10 怎么办	2 她们	
45 那	10 那里	2 其余	

附录 5　科技语体篇名中的助词

（含参考 LCMC 即兰卡斯特现代汉语语料库中的助词分布统计）

5.1　LCMC 中的助词

共计 74 935 个形符，38 个类符。

51 387　的	158　连	23　来看	5　说来
9 056　了	154　来说	21　在内	4　可言
3 405　着	148　等等	15　来	4　开外
3 290　地	104　般	15　不过	3　起见
1 585　得	96　一般	14　极了	3　乎
1 415　等	83　似的	13　与否	3　给
1 169　之	59　而言	12　来讲	3　而外
1 168　过	43　的话	10　样	1　来着
1 107　所	35　似	6　其	
281　一样	32　为止	5　云云	

5.2 社会科学篇名中的助词

共计 163 851 个形符，16 个类符。

155 413 的	364 了	87 着	41 连
5 897 之	341 等	68 得	13 与否
580 所	319 看	46 过	12 惟
440 地	185 被	44 一般	1 般

5.3 自然科学篇名中的助词

共计 156 845 个形符，14 个类符。

155 237 的	220 过	43 被	12 看
413 地	103 所	25 着	1 一样
360 等	90 连	23 了	
255 之	50 一般	13 得	

附录6 科技篇名中的语气词

（检索所用正则表达式为：\w+/y\s{2}(?!"/w))

6.1 科学篇名中的语气词（自然科学＋社会科学）

共计939个形符，13个类符。

835 吗	4 呢	2 矣	1 啦
54 了	3 哉	2 吧	
16 乎	3 兮	1 呀	
14 么	3 啊	1 啰	

6.2 社会学学篇名中的语气词

共计 919 个形符，13 个类符。

820 吗	4 呢	2 矣	1 啦
52 了	3 兮	2 吧	
15 乎	3 啊	1 呀	
13 么	2 哉	1 啰	

6.3 自然科学篇名中的语气词

共计 20 个形符，5 个类符。

15 吗	1 哉	1 乎
2 了	1 么	

附录 7　科技语体篇名中的词缀

7.1　社会科学篇名中的后缀

共计 1 445 个形符，28 个类符。

425	业	38	化	8	头	3	长
209	式	34	们	6	堆	3	边
201	体	29	仪	6	度	2	症
126	制	24	观	5	面	2	手
110	者	23	单	4	性	2	老
80	学	15	生	4	然	2	家
68	型	11	乎	4	界	1	案

7.2　社会科学篇名中的前缀

共计：971 个形符，6 个类符。

7.3 自然科学篇名中的前缀

共计 6 531 个形符，8 个类符。

617	非	5	超	4	大
337	微	4	准	4	阿

7.4 自然科学篇名中的后缀

共计 5 560 个形符，29 个类符。

2167	体	53	长	19	化	2	头
714	型	51	界	14	生	2	老
632	单	50	堆	10	症	1	然
600	仪	28	观	9	业	1	们
546	式	27	边	8	艇	1	计
281	面	25	性	8	手		
140	制	24	学	7	子		
110	度	23	率	7	者		

附录8 科技语体篇名中的标点符号

个　数	标点符号	个　数	标点符号	个　数	标点符号
239	"	10	"	23	"
10	"	3	"	347	(
343	(	1 253	(	349	)
344	)	1 248	)	20	★
9	★	19	★	15	,
72	,	127	,	4 099	、
15 924	、	2 172	、	1 016	.
1 366	.	841	.	1 914	/
7	。	1	。	231	'
157	/	1 190	/	6 300	—
10	'	25	'	59	:
386	—	2 451	—	54	@
511	:	222	:	121	[
1	;	1	@	121	]
1	@	7	[	164	~
122	[	7	]	19	《

续 表

个 数	标点符号	个 数	标点符号	个 数	标点符号
122	]	75	~	19	》
434	~	16	《	31	<
480	《	16	》	33	>
480	》	1	」	15	。
2	「	6	<	77	·
2	」	10	>	22	…
3	『	30	。		
3	』	11	·		
1	【	6	…		
1	】				
67	<				
69	>				
2	。				
47	·				
116	…				
	31 种		25 种		22 种

附录9 科技论文摘要中的语气词

9.1 自然科学论文摘要中出现的语气词

共计1 655个形符，10个类符。

1 610	了	7	否	1	焉	1	罢了
17	呢	5	么	1	来着		
11	吗	1	也	1	而已		

9.2 社会科学摘要中出现的语气词

共计4 231个形符，34个类符。

2 959	了	36	吧	5	兮	1	夫
368	呢	13	耶	5	嘛	1	哟
176	吗	13	焉	5	啦	1	哇
137	夫	11	也好	4	呐	1	哪

191

130	也	10	么	4	呗	1	啰
115	否	8	呀	4	啊	1	哩
101	而已	8	来着	3	着呢		
53	乎	7	哉	3	欤		
36	矣	7	罢了	3	也罢		

附录 10　摘要中的高频代词

10.1　自然科学摘要中的代词（低频词，即词频数小于100 的词略去）

共计：339 879 个形符，129 个类符。

44 389　其	2 992　其他	919　各自	221　自己
42 765　该	2 317　本	858　本身	215　本地
18 960　本文	1 934　如何	685　任何	198　诸
12 482　此	1 839　其它	652　各项	181　安
11 411　各	1 692　各个	637　己	165　各处
10 844　这	1 314　两者	631　这样	152　某个
6 331　这种	1 250　其次	580　后者	138　这里
6 055　各种	1 007　我们	466　此时	123　彼此
5 989　它	1 001　自身	376　另	119　他们
5 278　其中	990　各类	324　其余	116　我
4 700　这些	943　这个	249　自	107　有的
3 813　每	943　某些	240　某种	102　他

3578 某	941 二者	234 各级	

10.2 社会科学摘要中的代词（低频词，即词频数小于100的词略去）

共计 295 459 个形符，165 个类符。

7 881 本文	2 235 本身	758 一切	262 本人
42 810 其	2 158 本	739 他人	241 自
28 740 这	2 057 我	719 这里	214 其二
12 891 它	1 879 两者	684 各地	203 她们
11 541 各	1 864 这样	624 何	199 你
11 387 此	1 801 二者	575 本地	198 此后
10 628 我们	1 789 某些	559 那	191 哪
8 435 这种	1 738 各个	557 另	190 某个
7 248 这些	1 709 什么	551 各项	186 其余
7 135 该	1 481 本刊	536 各级	182 乃
7 003 如何	1 388 其次	530 那些	179 此次
6 079 他	1 260 诸	506 她	174 此时
5 401 其中	1 230 各自	481 本国	172 本次
4 779 其他	1 172 某种	456 哪些	159 己
4 745 自我	1 114 任何	420 彼此	153 那里
4 738 各种	1 055 其它	415 本期	137 为何
4 062 自己	1 028 后者	404 那样	129 其一

3 860	自身	1025	各类	376	大家	107	那个
3 509	他们	950	某	353	什么样	102	这时
3 467	这个	868	怎样	330	谁		
2 304	每	862	有的	293	各界		

附录 11　不同语体中的介词

11.1　自然科学摘要中的介词

共计 994 418 个形符，74 个类符。

133 821 对	7 074 对于	433 连	28 靠
129 569 在	4 297 经	365 鉴于	28 冲
44 487 为	2 743 沿	275 缘	21 凭
37 761 基于	2 586 把	249 替	12 冒
34 456 以	2 242 按	227 占	12 乘
18 187 于	2 170 经过	188 沿着	12 本着
17 634 用	2 094 作为	181 离	9 论
16 623 从	1 829 距	181 跟	6 临
15 276 比	1 787 被	139 较之	5 正如
15 173 根据	1 648 自	121 往	4 依照
14 258 通过	1 537 据	96 依据	4 顺着
13 912 将	1 355 同	69 照	4 每当
13 682 由	1 234 给	68 到	3 待

11659 和	1179 按照	49 经由	2 为着
11044 向	1097 除	36 依	2 及至
8136 为了	1054 关于	32 管	1 借
8089 随着	514 就	30 朝	1 归
7366 当	487 除了	29 自从	
7185 针对	485 随	29 朝着	

11.2　社会科学摘要中的介词

共计：509 836 个形符，87 个类符。

124782 对	2598 自	169 较之	14 至于
120829 在	2235 给	153 经由	11 每当
42098 从	2143 当	143 往	8 至
40344 以	1772 就	136 朝	8 顺着
27695 为	1616 同	130 本着	7 为着
16944 于	1543 针对	119 正如	7 凭着
12447 和	1355 按照	117 靠	5 应
11474 基于	1279 按	117 朝着	4 照着
10939 向	1238 经过	110 随	4 冒
9791 由	1116 经	103 占	3 迤
9094 对于	888 除	98 到	3 管
8774 通过	839 除了	71 缘	3 奔
7905 将	712 据	63 依	2 遵照

6644	把	673	鉴于	52	替	2	拿
6570	关于	325	跟	47	照	2	冲
6460	根据	270	论	46	凭	1	临
6135	随着	241	沿着	34	归	1	赶
4423	用	226	依据	27	借	1	当着
3583	为了	220	距	23	及至	1	乘
3211	作为	205	自从	21	离	1	趁着
2968	被	191	沿	17	依照	1	趁
2966	比	175	连	15	待		

11.3　自然科学正文中的介词

共计：393 091 个形符，72 个类符。

24741	在	1513	比	76	沿着	15	每当
11741	对	1502	按	58	缘	12	经由
7081	由	787	被	56	往	9	朝
6442	为	784	关于	53	就	8	管
4294	从	740	随着	51	连	5	照
3527	用	701	经	50	正如	4	替
3419	将	619	经过	50	随	4	待
3394	于	612	沿	42	鉴于	4	本着
3288	以	487	给	34	靠	3	照着
3067	当	420	按照	33	自从	3	为着

3062 对于	396 作为	32 离	3 冒
2618 根据	390 据	29 到	2 依
2531 和	320 同	28 较之	2 凭着
2281 基于	257 自	22 朝着	2 借
2266 向	248 距	19 跟	1 至于
1886 通过	232 除了	18 凭	1 顺着
1697 为了	219 除	15 占	1 及至
1614 把	142 针对	15 依据	1 归

11.4 社会科学正文中的介词

共计：463 642 个形符，79 个类符。

29848 在	885 据	67 占	8 为着
14554 对	780 当	52 针对	7 依照
8065 从	774 同	49 自从	7 替
6864 以	741 按照	49 跟	7 顺着
4264 为	718 给	46 朝着	6 冒
3613 于	683 被	42 朝	6 经由
3341 由	651 作为	39 沿着	6 借
3158 把	520 自	34 凭	6 归
2510 向	409 经过	27 较之	5 待
1761 通过	367 除了	22 依据	4 拿
1697 和	330 除	21 照	4 临

1577 对于	271 基于	21 本着	4 管
1576 比	219 正如	18 每当	3 凭着
1488 将	218 就	16 依	3 及至
1412 随着	210 靠	16 论	3 趁着
1258 根据	171 经	15 沿	1 应
1194 为了	116 鉴于	14 至于	1 离
1026 关于	105 连	14 距	1 赶
914 用	75 往	12 缘	1 奔
910 按	75 到	9 随	

11.5　政论语体中的介词

共计：17 723 个形符，2 个类符。

5555 在	170 对于	22 到	4 依据
2205 对	156 为了	16 朝	4 随
1103 为	143 关于	13 本着	4 每当
952 以	125 按照	12 正如	4 借
913 从	122 随着	12 针对	3 自从
715 把	121 按	12 沿	3 依照
678 向	120 经过	11 沿着	3 凭着
607 于	118 根据	11 距	3 离
543 由	114 经	11 跟	3 乘
386 和	93 自	11 朝着	3 奔

353 比	83 当	9 基于	2 经由
300 据	81 作为	7 归	2 较之
298 将	73 就	6 缘	1 依
276 给	62 往	6 凭	1 为着
257 被	56 连	6 鉴于	1 拿
228 用	40 除了	5 照	1 冒
209 通过	38 除	5 占	1 赶
171 同	35 靠	5 替	1 待

11.6　文学语体中的介词

共计：19 099 个形符，76 个类符。

5878 在	205 由	30 沿着	5 自打
2207 把	185 于	28 靠	5 冒
1462 对	91 就	25 据	4 管
1387 跟	84 对于	24 作为	4 赶
954 向	84 到	24 顺着	4 趁着
943 从	64 除了	23 当着	3 依
892 给	60 朝	22 及至	3 冲
442 和	60 按	20 随	3 乘
423 被	49 随着	16 沿	3 趁
403 往	47 照	15 正如	3 奔
349 当	44 自从	10 照着	2 为着

347 比	44 经过	10 凭着	2 临
330 用	43 同	9 借	2 距
308 为	43 拿	8 每当	2 朝着
244 将	41 经	8 离	1 至于
241 替	33 通过	8 待	1 论
235 连	33 关于	8 按照	1 经由
224 以	32 凭	6 根据	1 鉴于
208 为了	30 自	6 除	1 归

附录12 科技论文摘要中出现的成语

说明：
（1）由于成语众多，词频低于 30 的成语此省去。
（2）成语前面出现的数字是其总共出现的次数。
共计：15 213 个形符。

394 行之有效	83 源远流长	44 迥然不同	35 有识之士
330 前所未有	80 与时俱进	44 各抒己见	34 自相矛盾
317 不可或缺	80 抛砖引玉	43 一席之地	34 扬长避短
243 当务之急	78 卓有成效	43 突飞猛进	34 千丝万缕
232 引人注目	76 层出不穷	41 因材施教	33 自然而然
205 举足轻重	74 愈演愈烈	41 和而不同	33 相提并论
204 截然不同	74 显而易见	40 自给自足	33 趋利避害
194 必由之路	73 举世瞩目	40 与众不同	32 相得益彰
191 因地制宜	66 独立自主	40 与日俱增	32 统筹兼顾
178 三位一体	64 大势所趋	40 异军突起	31 约定俗成
175 实事求是	63 莫衷一是	40 悬而未决	31 似是而非
164 势在必行	60 不言而喻	40 无能为力	31 史无前例
163 应运而生	59 大相径庭	40 独树一帜	31 深入浅出
150 相辅相成	58 新陈代谢	39 取而代之	31 承上启下

143 众所周知	58 根深蒂固	38 一家之言	31 拨乱反正
120 息息相关	53 刻不容缓	38 一成不变	30 真知灼见
116 错综复杂	52 来龙去脉	38 任重道远	30 无可比拟
112 方兴未艾	50 混为一谈	38 参差不齐	30 见仁见智
111 循序渐进	50 归根结底	37 推波助澜	30 简明扼要
89 讨价还价	48 一脉相承	37 随时随地	30 并行不悖
89 令人瞩目	47 形形色色	36 正本清源	30 百花齐放
88 丰富多彩	45 日新月异	36 长治久安	
86 迫在眉睫	45 取长补短	36 潜移默化	
86 百家争鸣	45 坚定不移	36 理所当然	

附录 13 不同语体中的话语标记

13.1 摘要语体中的话语标记

614 与此同时	58 不仅如此	17 一般地说	5 依此类推
568 事实上	52 总体来说	16 简单地说	5 如前所述
397 下一步	46 一般说来	12 简言之	5 据了解
211 由此可见	45 总的来看	11 比如说	2 所幸的是
180 也就是说	43 一般而言	10 一般来讲	2 俗话说
123 相对而言	42 归根到底	10 简而言之	1 无庸讳言
114 除此之外	32 总的说来	8 由此看来	1 如此说来
93 总的来说	32 由此可知	8 即使如此	1 客观地说
85 整体而言	27 无论如何	8 大致说来	1 举例来说
76 一般来说	26 综上	7 总而言之	1 除此而外
70 不难发现	24 换句话说	7 勿庸置疑	1 比方说
62 换言之	20 除此以外	6 客观说	1 按理说

13.2　科技语体中的话语标记

274 另一方面	10 殊不知	2 相对而言
202 一方面	10 简单地说	2 毋庸置疑
122 事实上	8 总的说来	2 无庸置疑
94 也就是说	8 一般而言	2 俗话说
72 与此同时	8 简言之	2 没想到
58 一般来说	8 除此以外	2 举例来说
54 换句话说	7 比方说	2 不难发现
48 一般说来	6 由此看来	
32 由此可见	4 一般来讲	
26 比如说	4 归根到底	
25 如前所述	4 不仅如此	
22 一般地说	4 不管怎样	
22 换言之	2 总体来说	
15 由此可知	2 总而言之	
15 无论如何	2 总的来看	
12 下一步	2 综上	
12 除此之外	2 整体而言	
10 总的来说	2 以此类推	

13.3　政论语体中的话语标记

147 本报讯	7 俗话说	3 比如说	1 所幸的是
44 据了解	5 由此可见	2 总体来说	1 说实话
42 另一方面	4 总的来说	2 由此看来	1 说老实话
36 一方面	4 归根到底	2 无论如何	1 殊不知
34 与此同时	3 下一步	2 换言之	1 如此说来
18 事实上	3 换句话说	1 总而言之	1 简单地说
14 没想到	3 不难发现	1 一般来说	1 不管怎样
10 也就是说	3 不仅如此	1 一般来讲	1 比方说

13.4　文学语体中的话语标记

132 没想到	16 总而言之	6 实在不行	2 总的来说
78 事实上	16 说实话	6 简单地说	2 一般说来
55 无论如何	16 比如说	5 一般来说	2 说句实话
36 一方面	14 比方说	5 换言之	2 那好吧
33 也就是说	13 俗话说	4 弄不好	2 换句话说
27 下一步	10 除此之外	4 即使如此	2 归根到底
26 另一方面	7 说老实话	4 除此以外	2 按理说
24 老实说	7 如前所述	4 不管怎样	1 由此可见
23 与此同时	6 说实在的	3 譬如说	1 一般地说

后记

本书是对 2016 年 4 月在华中师范大学完成的博士论文进行修改之后付梓出版的，本书的出版得到洛阳师范学院外国语学院陆志国院长的鼓励和帮助，诚表谢意！

原论文稿的完成得到了许多老师和朋友的帮助。特别是我的博士生导师吴振国教授对论文进行了全程的悉心指导；语料库建设和标注过程中，中国传媒大学的程南昌博士、计算语言学领域著名专家冯志伟教授、中国科学技术名词术语审定委员会的裴亚军博士、华中师范大学语言研究所姚双云教授、广东外语外贸大学李亮博士等都给予了指导和帮助；在某些数学思想方面，美国杜克大学荣休教授王保硕（Paul P. Wang），澳大利亚澳洲联邦大学孙兆豪教授，原美国约翰·霍普金斯大学教授、IBM 公司高级研究员 K. Church 通过电子邮件给予过指导意见；论文答辩过程中，华中师范大学李向农教授、储泽祥教授、刘云教授、曹海东教授，武汉大学萧国政教授，华中科技大学程邦雄教授，华中师范大学罗耀华博士都给予了中肯的修改意见。在此，对以上专家、学者致以诚挚的谢意！

在本书的准备和撰写过程中，生活上得到洛阳理工学院张琳老师，华中师范大学储一鸣博士、黄云峰博士、欧阳敏博士、倪贝贝博士、王金龙博士、吴柱博士、卜相伟博士、张晓宇博士、舒晓虎博士、王明忠博士、刘腾飞博士、邬忠博士、农时敏博士等的帮助，在此表示感谢！

真理越辩越明，本书观点浅薄，文辞粗陋，作者在此恳请读者朋友能够通过电子邮件（meizhongwei@qq.com）对本书提出批评意见。本书的观点和说法会有很多局限性，研究的深度和广度也都有待深化和扩充。如有不当，敬请斧正！